Ulla Fölsing

MARIE CURIE

Wegbereiterin einer neuen Naturwissenschaft

Mit 22 Abbildungen

W0240631

Piper
München Zürich

ISBN 3-492-10724-9
Originalausgabe
Juli 1990
© R. Piper GmbH & Co. KG, München 1990
Umschlag: Federico Luci
Umschlagphoto: Archives du Laboratoire Curie, Paris
Gesamtherstellung: Clausen & Bosse, Leck
Printed in Germany

INHALT

Vorwort 7

Kindheit und Jugend in Warschau 10
Zukunftsträume auf dem Land 17
Studienjahre in Paris 22
Heirat mit Pierre Curie 26
Meilensteine einer wissenschaftlichen Karriere 31
Symbiose zweier Forscher 41
Das Radium und seine Folgen 47
Die Doppelrolle 54
Das Vermächtnis 62
Die Romanze 69
In Amt und Würden 79
Politische Interessen 85
Als Frau in einer Männerdomäne 92
Der Umarmungsversuch der Feministinnen 105

Anhang 111
Anmerkungen 113
Zeittafel 115
Literaturhinweise 117
Nachweis der Abbildungen 117
Personenregister 119

Für Jule

Vorwort

Marie Curie (1867–1934) ist die erste Frau, die als Naturwissenschaftlerin zu Ruhm und bleibendem Ansehen gelangte. Im Jahre 1903 erhielt sie zusammen mit ihrem Ehemann, Pierre Curie, und Henri Becquerel den Nobelpreis für Physik, und im Jahre 1911 wurde ihr allein der Nobelpreis für Chemie verliehen: ein Doppelerfolg, der sich in der Geschichte des Nobelpreises nur ein einziges Mal, nämlich viele Jahre später bei dem amerikanischen Physiker John Bardeen, wiederholt hat. Marie Curies Tochter, Irène Joliot-Curie, und ihr Schwiegersohn, Frédéric Joliot, wurden im Jahre 1935 mit einem gemeinsamen Nobelpreis für Chemie ausgezeichnet. Die wissenschaftliche Dynastie, die Marie Curie begründet hat, setzt sich inzwischen in der dritten Generation fort; zwei ihrer Enkelkinder – Tochter und Sohn von Irène Joliot-Curie – wurden ebenfalls Wissenschaftler, Hélène wie Mutter und Großmutter Kernphysikerin; Pierre wandte sich der Biophysik zu. Marie Curie selbst hat den Begriff der Radioaktivität geprägt und schließlich Radium und eine Reihe anderer Elemente isoliert.

Aus dem familiären und sozialen Hintergrund der Marie Curie ergibt sich manche Erklärung für die ungeheure Willenskraft, Ausdauer und Energie, mit der sich die junge Frau den exakten Naturwissenschaften verschrieb. Dennoch ist ihr intensives Interesse an der Wissenschaft nicht auf Anhieb zu verstehen. Die in Warschau geborene Maria Sklodowska hatte nämlich viele familiäre, finanzielle und nationale Barrieren zu überwinden, bevor sie überhaupt ein Studium beginnen konnte. Und als es schließlich soweit war, mußte sie für lange Zeit auf alle Annehmlichkeiten des Lebens verzichten, um ihren wissenschaftlichen Weg weitergehen zu können. Die Bescheidenheit, zu der sie bereits in frühester Jugend genötigt war, blieb für sie bis ins späte Alter charakteristisch.

Marie Curie ist sicher die bislang populärste Naturwissenschaftlerin. Ihre Schwierigkeiten allerdings können als paradigmatisch gelten für die Probleme, die Frauen in der Wissenschaft immer noch zu überwinden haben. Im folgenden werde ich die bedeutendsten Etappen ihres Lebensweges schlaglichtartig beleuchten, um auf diese Weise Gründe für ihren außerordentlichen Erfolg aufzuspüren. Dabei wird zugleich ihr rätselhafter Charakter, ihre ungewöhnliche Persönlichkeit, in den Blick kommen. Von besonderem Interesse sind ihre frühe Jugend in Polen, das Leben der Studentin in Paris, die Interessen, Ziele und Entdeckungen der Naturwissenschaftlerin, die Ehe und Arbeitsgemeinschaft mit Pierre Curie, ihre Rolle als Mutter zweier Töchter, ihr Status als Kollegin prominenter Physiker ihrer Zeit, hier auch ihre skandalumwitterte Beziehung zu Paul Langevin, sowie das Verhältnis zu Albert Einstein, mit dem sie vielfältige politische Interessen verbanden.

Diskutiert werden soll dabei die nach wie vor strittige Frage, ob Marie Curie nicht doch letztlich nur ein intellektuelles Anhängsel ihres Ehemannes, Pierre Curie, gewesen sei. Ferner, ob sie als frühe Vorreiterin der Frauenemanzipation gelten kann, da sie immerhin für sich selbst völlig neue Bedingungen schuf, unter denen sie in einer von Männern beherrschten Wissenschaft eigenständig arbeiten konnte, wenngleich es auch in ihrer Karriere an männlichen Zurückweisungen nicht gefehlt hat. Erörtert wird auch, inwieweit Marie Curies wissenschaftliche Laufbahn geplant und inwieweit sie vom Zufall abhängig war.

Bei aller Besessenheit, mit der sie sich ihrer Wissenschaft widmete, versagte sich Marie Curie übrigens keineswegs humanitären Aufgaben. Davon zeugen ihr Einsatz im 1. Weltkrieg, später ihre langjährige Tätigkeit als Vizepräsidentin der Kommission für intellektuelle Zusammenarbeit des Völkerbundes in Genf.

Schließlich soll eine Antwort auf die Frage gesucht werden, wie Marie Curie so lange Zeit blind sein konnte gegenüber den verheerenden Auswirkungen radioaktiver Strahlen, die letztlich ihren grausamen Preis forderten: Marie Curie starb an perniziöser Anämie; ihre Tochter Irène, die das Werk der Mutter fortsetzte, starb an Leukämie, beides Krankheiten, die als Folge von Strahlenschäden typisch sind.

Im Unterschied zu populären Heroisierungen werde ich mich bemühen, ein möglichst wirklichkeitsgetreues Bild von Marie Curie zu vermitteln, ein Bild also, das naturgemäß nicht nur heldenhafte, noble und sympathische Züge trägt. Marie Curie war ohne Zweifel eine beeindruckende Persönlichkeit. Aber ihre imponierende Selbstdisziplin, ihr rastloser Einsatz für ihre wissenschaftlichen Ziele, denen sie alles andere unterordnete, gingen zwangsläufig mit einer gewissen Monomanie und emotionellen Verarmung einher. Es liegt in der Natur der Sache, daß das hier gezeichnete Lebensbild der Marie Curie fragmentarisch bleiben muß. Wichtiger als eine lückenlose Aufreihung besonderer Details aus ihrer wissenschaftlichen und persönlichen Biographie erscheint mir der Versuch, Marie Curie von dem Helden-Mythos, mit dem sie häufig umgeben wird, zu befreien, sie zu entglorifizieren und die schillernde menschliche Seite dieser Frau zu zeigen, ohne dabei ihre enormen Verdienste als frühe Naturwissenschaftlerin und Wegbereiterin des Atomzeitalters zu vernachlässigen.

Denn Marie Curie kann als Begründerin der Radiochemie mit Recht für sich beanspruchen, daß die Quelle internationaler Entdeckungen, die aus ihren ersten Experimenten entsprungen ist, das Wesen des Fortschritts in den Naturwissenschaften im 20. Jahrhundert verändert hat. Mit der Entdeckung des Radiums leitete Marie Curie eine stürmische Entwicklung der Wissenschaft über die Struktur der Materie ein und gab zugleich der Technik, der Wirtschaft und der Medizin wichtige neue Impulse. Vor der Entdeckung der Radioaktivität hatte die stoffliche Materie als statisch und in ihren kleinsten Bausteinen, den Atomen, als unveränderlich gegolten. Mit dem Fortschritt der Einsicht in das Wesen der Materie zeigte sich die Möglichkeit, ein Element in ein anderes umzuwandeln. Aus dieser Erkenntnis folgte letztlich vierzig Jahre später die Freisetzung der Kernenergie in großtechnischem Maßstab. In diesem Sinne begründete Marie Curie nicht nur die Radiochemie, sondern leitete die Kern- oder Nuklearforschung ein und setzte die Anfänge zum Atomzeitalter.

Kindheit und Jugend in Warschau

Maria Salome Sklodowska, die später einmal eine der berühmtesten Frauen des 20. Jahrhunderts werden sollte, wurde am 7. November 1867 in einer kleien Wohnung in Warschau geboren. Sie war das fünfte Kind in ihrer Familie und nach dem ersehnten Sohn die vierte Tochter.

Die Eltern der kleinen Mania, wie der Nachkömmling bald genannt wurde, arbeiteten beide als Lehrer. Der Vater unterrichtete Mathematik und Physik an einem Warschauer Gymnasium. Da sein bescheidenes Salär nicht ausreichte, betrieb die Mutter ein kleines Mädchenpensionat in demselben Haus, in dem die Familie wohnte.

Photos aus diesen Tagen zeigen die Eltern Bronislawa Sklodowska und Wladislaw Sklodowski als ernstes, alterslos wirkendes Paar, dem man die Konvention, die Strenge und Disziplin ihres Berufsstandes und ihrer Gesellschaftsschicht deutlich ansieht. Vermutlich funktionierte diese Ehe auf der Grundlage gemeinsamer Interessen und Ziele; Emotionen spielten wahrscheinlich keine große Rolle oder wurden zumindest nicht deutlich zum Ausdruck gebracht.

Beide Eltern prägten nachhaltig das Zusammenleben der Familie und die Wertvorstellungen ihrer heranwachsenden Kinder: Der Vater setzte seine der Konvention entsprechenden Ansichten über Sitte, Anstand und Moral zum Maßstab. Aber auch an seinem Interesse für die Naturwissenschaften ließ er seine Kinder teilhaben. Die Mutter verlangte von ihren Kindern vor allem dieselbe klaglose Pflichterfüllung, die sie ihnen vorlebte. Sie stammte aus einer verarmten Familie des polnischen Landadels und war streng katholisch. So vertrat sie stärker als ihr Mann die Tradition der polnischen Oberschicht.

Die politischen und wirtschaftlichen Lebensbedingungen der Familie Sklodowski waren zur Zeit von Marias Geburt alles andere als rosig: Um sie herum die bedrückende Atmosphäre eines Polizeistaates unter russischer Oberhoheit, in dem nur überleben konnte, wer Kompromisse mit dem System zu schließen bereit war. Dazu die eher bedrängte ökonomische Lage des Lehrerehepaars, das zwar gesellschaftliches Ansehen genoß, aber mit seinem Einkommen – selbst als Doppelverdiener – nur eben gerade den Unterhalt für die siebenköpfige Familie bestreiten konnte.

Der Posten eines Schulinspektors gewährte der Familie für ein paar Jahre größeren finanziellen Spielraum. Aber das vergleichsweise angenehme Leben sollte nicht lange dauern: In einer Periode rücksichtsloser Russifizierung der polnischen Unterrichtsanstalten verlor der Pole Sklodowski diese Stelle wieder und so auch die damit verbundene größere Dienstwohnung. Es blieb ihm als Pädagogen nur noch die wenig dankbare Rolle eines Tutors. Er mietete eine Wohnung, in der er Jungen im Schulalter aufnahm und bei den Hausaufgaben betreute.

Die sechsjährige Maria hatte als jüngstes Kind am meisten unter den Zwängen der neuerlich beschränkten Wohnverhältnisse zu leiden. Sie schlief im Eßzimmer und mußte bereits morgens um sechs Uhr ihr Bett räumen, damit die Schüler aus der Pension rechtzeitig frühstücken konnten. Kein Wunder, daß das schüchterne Kind zu einem nervösen Mädchen heranwuchs, ernst und viel zu erwachsen für sein Alter und stets bemüht, dem strengen Vorbild von Vater und Mutter gerecht zu werden.

Das größte Problem im Leben der kleinen Maria war zweifellos das seltsame, für das Kind unverständliche Verhalten der Mutter: In einem Alter, in dem das Kind nach Liebe, Zuwendung und Zärtlichkeit hungerte, wurde die Mutter zunehmend spröder im Umgang und ging jeder körperlichen Berührung, jedem Kuß und jeder Umarmung mit ihren Kindern aus dem Weg. Sie wußte, daß sie an Tuberkulose erkrankt war. Ihr Leiden dauerte Jahre, machte lange und teure Aufenthalte in Sanatorien nötig und verschlimmerte sich trotzdem zusehends.

1878 – zwei Jahre, nachdem Marias älteste Schwester, Sofia, einer Typhus-Infektion erlegen war, die ein Pensionsschüler ins Haus gebracht hatte – starb auch Frau Sklodowska. Ihre jüngste Tochter, Maria, war zu dieser Zeit zehn Jahre alt, aber schon lange vor dem Tod der Mutter war sie ein einsames, verlassenes Kind gewesen.

Die Trauerzeit in der mutterlosen Familie schleppte sich über Jahre hin. Maria war alt genug, um zu merken, daß der Vater nach dem Verlust seiner Frau alle Lebensfreude verloren hatte und vorzeitig zum alten Mann wurde. In ihrer Einsamkeit und Hilflosigkeit suchte sie zunächst Zuflucht in der Frömmigkeit, die ihre strenggläubige Mutter ihr vorgelebt hatte. Dann aber gewann zunehmend das rationale Denken, das der Vater von kleinauf bei ihr gefördert hatte, die Oberhand über die Religiosität. Mit 15 Jahren war Maria in der Lage, sich voll und ganz mit dem Verhalten und der Welt der Erwachsenen zu identifizieren, auch wenn sie dem Leben der Erwachsenen körperlich und seelisch noch keineswegs gewachsen war.

Maria war noch nicht sechzehn, als sie das Gynasium verließ. Mit einer Goldmedaille als beste Schülerin ihres Jahrgangs belohnt, beendete sie die Schule. Vorangegangen waren Jahre außerordentlichen Fleißes, in denen das Kind nur eine wichtige Beschäftigung kannte: Lernen. Schon mit vier Jahren konnte Maria Sklodowska lesen. Beigebracht hatte es ihr die ältere Schwester, Bronia. Von diesem Zeitpunkt an nahm auch die Jüngste an dem regen geistigen Leben der Familie aktiv teil. Die Familiengeschichte bestätigt, daß Maria schon als kleines Kind mit Vergnügen und großer Konzentration lernte. Ihre Tochter erzählt, als wäre sie dabeigewesen: »Ihr Gedächtnis ist so unwahrscheinlich, daß ihre Kameraden an eine List glauben, wenn sie sie etwa ein Gedicht fehlerlos aufsagen hören, das sie zweimal gelesen hat. Mit ihren Aufgaben ist sie schon lange vor allen anderen fertig [...] Was sie am liebsten tut, ist, sich mit einem Buch an dem großen Tisch einzurichten – die Ellenbogen aufgestützt, die Hände an der Stirn, die Daumen an den Ohren, um sich gegen Hela (ihre Schwester) zu schützen, die es sich nicht verkneifen kann, mit kreischender Stimme ihre Aufgaben herzusagen. Eine gänzlich überflüssige Schutzmaßnahme, denn im Verlauf weniger Augenblicke verliert Maria, in ihre Lektüre versunken, jedes Bewußtsein davon, was im Zimmer rings um sie vorgeht. Diese übertriebene Konzentration, das einzig Sonderbare an dem

Die Geschwister: Sofia, Helena, Josef, Bronislawa
(von links nach rechts), Maria, vier Jahre alt, in der Mitte

normalen, wohlgeratenen Kind, ist eine Quelle ständiger Unterhaltung für ihre Schwestern und Freunde [...] Diese Momente völliger Geistesabwesenheit sind die einzigen, in denen Maria das Glück ihrer früheren Kindheit wiederfindet. Sie liest, wie es sich trifft, Schulbücher, Gedichte, Abenteuerromane, technische Werke, die sie aus der Bibliothek ihres Vaters holt [...]« [1]

Es scheint, als wäre die Lektüre für die kleine Maria zunächst vor allem ein Vehikel gewesen, um aus der ungeliebten Alltagswirklichkeit in eine freundlichere Traumwelt zu entfliehen. Aber auch familiäre Erwartungen ließen sich damit offenbar befriedigen. Denn in der Atmosphäre ihres Elternhauses mußte sich Maria Sklodowska von kleinauf zu mehr oder weniger intellektuellen Beschäftigungen aufgefordert fühlen: Der Vater unterrichtete als Oberschullehrer, die Geschwister besuchten das Gymnasium, und auch das von ihrer Mutter geführte Penisonat war eine Art Schule. Die ganze Welt muß dem Kind wie eine ungeheure Lernfabrik erschienen sein, in der nur eine einzige Aufgabe zählte: lernen und nochmals lernen.

Der Preis für die ununterbrochene geistige Anspannung in Kindheit und früher Jugend waren denn auch deutliche Symptome nervöser Störung, unter denen das heranwachsende Mädchen am Ende seiner glänzenden Schullaufbahn litt. Als Maria Sklodowska die Gymnasialzeit abgeschlossen hatte, mußte sie eine Zwangspause einlegen, um wieder zu Kräften zu kommen. Sie wurde zu Verwandten in die Provinz geschickt, die sie für ein halbes Jahr gegen einen geringen Pensionspreis aufnahmen.

Die Abiturientin revanchierte sich mit gelegentlichen Französisch-Stunden, die sie dem kleinen Sohn des Hauses gab. Im übrigen genoß sie die Ferien, die sie in ihrem jungen Leben bisher so nicht gekannt hatte – ohne ernsthafte Lektüre, ohne festen Stundenplan, ohne Pflichten irgendwelcher Art. Einfach in den Tag hineinzuleben, das hatte die Fünfzehnjährige vorher nie erfahren, und für eine Weile war sie genau wie alle anderen jungen Mädchen ihrer Epoche, und ihre Gedanken kreisten nur noch um die Mazurkas und Walzer auf den dörflichen Tanzfesten und die nächtlichen Schlittenfahrten.

Die vergnügliche Zeit sollte allerdings nur ein kurzes Zwischenspiel bleiben. Maria Sklodowska wußte, daß sie anderes anstrebte, auch wenn sie von diesem »anderen« zu diesem Zeitpunkt noch keine konkrete Vorstellung hatte. Als Sechzehnjährige kehrte sie nach Warschau zurück.

In Polen gab es damals für Frauen kaum eine Chance, an der Universität zu studieren. An polnischen Mädchenoberschulen wurden keine klassischen Sprachen gelehrt; damit fehlte den Frauen die Voraussetzung für die Aufnahme an einer Universität oder Hochschule des Landes. Ehrgeizige, intelligente Mädchen mußten, wenn sie studieren wollten, ins Ausland gehen. Dazu brauchten sie allerdings Geld, und an Geld mangelte es den Sklodowskas seit eh und je.

Marias ältere Schwestern wollten, entsprechend der Familientradition, Lehrerin werden, und auch Maria strebte diesen Beruf für sich an. Zunächst allerdings mußte das Studium finanziert werden. Die nächstliegende Verdienstmöglichkeit waren Nachhilfestunden – ein mühsames Geschäft, denn die Konkurrenz war in diesen Jahren groß, und das Angebot überstieg bei weitem die Nachfrage.

So blieb Zeit genug, den eigenen Interessen nachzugehen. Die geistige Welt Polens unter der russischen Oberherrschaft befand sich in jenen Jahren im Umbruch. Unter dem Einfluß der Ideen von Charles Darwin, Auguste Comte und Karl Marx fanden sich junge und ältere Leute heimlich in Dachstuben und Hinterzimmern zu gemeinsamer Lektüre und Diskussion zusammen. Wie zahlreiche andere junge Töchter Warschauer Familien nahmen auch Maria und ihre Schwestern an den Vorlesungen dieser »Fliegenden Universität« teil. Gleichberechtigt neben den jungen Männern, eröffneten sich ihnen plötzlich neue Horizonte.

Der Positivismus, der hier zum liberalen Glaubensbekenntnis wurde, zeigte, was für den Fortschritt wichtig war: Chancengleichheit für die Frauen, Schulbildung auch für die Bauern, das Ende der Privilegien von Kirche und Adel. Wie viele andere junge Leute in Warschau dachte Maria zu dieser Zeit leidenschaftlich darüber nach, was getan werden könnte, um die sozialen Verhältnisse der polnischen Arbeiter und Bauern zu ändern.

Der Beschluß ihres Vaters, sie solle von nun an materiell auf eigenen Füßen stehen, verwies die Achtzehnjährige im Jahre 1885 unsanft auf die eigene Wirklichkeit. Noch fehlte ihr jegliche Qualifikation für den angestrebten Familienberuf der Lehrerin, und so blieb nur die Möglichkeit, Gouvernante zu werden.

Zukunftsträume auf dem Land

Im Oktober 1885 trat Maria Sklodowska ihre erste Stelle als Gouvernante in einer Warschauer Rechtsanwalts-Familie an. Ihr Verdienst dort sollte nicht nur sie selbst ernähren. Ihre Schwester Bronia wollte nämlich inzwischen Medizin studieren, doch das Geld für einen Auslandsaufenthalt fehlte. Marias Einkommen sollte Bronia nun zu einem Studium an der Sorbonne in Paris verhelfen. Es war eine Sache auf Gegenseitigkeit: Nach ihrem Examen wollte Bronia Maria auf die nämliche Weise unterstützen, damit auch sie studieren konnte.

Die beiden Schwestern ahnten zunächst kaum, wie schwer es war, ihre Abmachung einzuhalten, wie sehr sie von Zeit und Lebensumständen abhing. Es dauerte sechs lange Jahre, bis Maria endlich zu Bronia nach Paris kam: Jahre voller Zukunftsträume und Hoffnungen, aber auch voller Anstrengung, Selbstbescheidung und Einsamkeit.

Ihr erstes Arbeitsverhältnis kündigte Maria Sklodowska bereits nach einem Vierteljahr, weil sie sich mit der Frau des Hauses nicht verstand. Um mehr Geld zu verdienen, verließ sie Warschau – und damit Vater, Geschwister und Freunde – und nahm eine Stelle als Gouvernante auf einem großen Gut in dem entlegenen Dorf Krasiniec, rund 100 Kilometer nördlich von Warschau, an. Dort traf sie es besser: Die Zorawskis, gleichfalls wohlhabende Leute, nahmen sie freundlich auf; sie unterrichtete deren Töchter – die ältere vier Stunden, die jüngere drei Stunden am Tag.

In dem Dorf, in dem die Zorawskis lebten, sah Maria erstmals mit eigenen Augen, worüber sie in den Gesprächsrunden in Warschau so leidenschaftlich diskutiert hatte: das Elend der Arbeiter und Bauern, die in einem Klima der Hoffnungslosigkeit ihre Tage fristeten. Nun bot sich plötzlich die Gelegenheit, die idealistischen Vorstellungen von einer besseren Gesellschaft, an die Maria zu glauben gelernt hatte, wahrzunehmen. Sie gründete eine Schule für die Bauernkinder der Umgebung und unterrichtete dort zusätzlich zu ihren regulären Verpflichtungen zwei Stunden täglich. Bald hatte sie eine Klasse von achtzehn Kindern zusammen, denen sie an Donnerstagen und Samstagen manchmal bis zu fünf Stunden gab.

Ein übervolles Programm für eine Neunzehnjährige, die trotz aller Rundlichkeit physisch nicht eben stark war und zu Nervosität und Depressionen neigte. Aber Maria ließ es dabei noch nicht bewenden. Die Freizeit, die ihr blieb, nutzte sie in gewohnter Weise zum Selbststudium. Ihr leidenschaftliches Interesse galt jetzt den Naturwissenschaften. Vor allem zu Mathematik und Physik zog es sie. An den langen dunklen Winterabenden in ihrem kleinen Zimmer in der hintersten polnischen Provinz wagte sie die ersten Schritte auf ein Gebiet, das sie ihr Leben lang festhalten sollte.

Die Fülle ihrer Arbeit und ihrer selbstgewählten Verpflichtungen konnten dennoch nicht verhindern, daß Maria nach einiger Zeit unter ihrer gesellschaftlichen Isolation auf dem Lande – als bezahlte Angestellte in einem Gutshaushalt – litt. Häufig erschien ihr das Leben grau und bitter, und die Zukunft rückte in unerreichbare Ferne. Kein Wunder, daß sie glaubte, zugreifen zu müssen, als sich plötzlich ein ganz konkretes Glück zeigte.

Maria verliebte sich in den Sohn des Hauses, Kazimierz Zorawski, der die Semesterferien zu Hause verbrachte. Er paßte nicht nur altersmäßig zu ihr und sah gut aus, sondern er studierte auch noch Naturwissenschaften.

Tatsächlich wurde Kazimierz Zorawski später Professor für Mathematik am Warschauer Polytechnikum. So hätte Maria Sklodowska, wenn sie mit ihm zusammengeblieben wäre, möglicherweise auch in Polen Zugang zu den Naturwissenschaften gefunden, wenn auch vielleicht auf einem anderen Arbeitsgebiet als später in Paris.

Auch Kazimierz verliebte sich in die junge Erzieherin, die so ganz aus dem gewohnten dörflichen Rahmen herausfiel. Die Romanze der beiden, die erste für Maria, fand jedoch ein jähes Ende, als Kazimierz seine Eltern um ihr Einverständnis zur Heirat bat. Die Zorawskis zwangen zum Abbruch der Beziehung, weil Maria für sie nicht standesgemäß war und sie für ihren Sohn eine bessere Partie erhofften.

Maria, eben zwanzig, stand vor einem Scherbenhaufen; diese Erfahrung hinterließ deutliche Spuren in ihrem Wesen. Sie mußte aber noch bei den Zorawskis bleiben, denn Bronia war auf ihre finanzielle Hilfe angewiesen. Die Zeit bis zum Ablauf ihres Vertrages im Sommer 1889 war deprimierend und hart; in diesen beiden Jahren kam sie sich vor wie im Gefängnis.

Noch bevor Maria die Zorawskis fristgemäß verließ, hatte sie eine neue Anstellung bei einer Industriellen-Familie in Warschau vereinbart. In ihre Heimatstadt zurückgekehrt, lebte Maria auf. Die neue Tätigkeit war angenehm; und sie konnte den Kontakt zu den alten Freunden aus den Diskussionsrunden wieder aufnehmen. Selbst ihr Privatstudium der Naturwissenschaften machte praktische Fortschritte. Über einen Vetter erhielt sie Zugang zum Museum für Industrie und Landwirtschaft, in dem sich ein kleines Laboratorium mit Apparaten für einfache physikalische und chemische Experimente befand. Abends und an Sonntagen durfte sie dort arbeiten und im Alleingang bescheidene erste Versuche in der experimentellen Forschung wagen. Diese Arbeit verschaffte ihr große Befriedigung und bildete ihren Sinn fürs Experimentieren aus.

In dieser Zeit war es Maria endlich möglich, Geld für ihre eigene Reise nach Paris zurückzulegen. Bronias Studium konnte Vater Sklodowski jetzt allein finanzieren, nachdem er die Leitung einer Besserungsanstalt in der Nähe von Warschau übernommen hatte. Maria sparte eisern, auch wenn sie zwischenzeitlich nicht mehr recht daran glauben mochte, daß sich ihr Zukunftstraum eines Studiums im Ausland noch jemals erfüllen würde.

Ihre Schwester Bronia allerdings hielt an der einstmals getroffenen Abmachung fest. Sie hatte mittlerweile einen zehn Jahre älteren polnischen Studienkollegen geheiratet und sich mit ihm ein eigenes Zuhause geschaffen. Dort sollte auch Maria in ihrem ersten Pariser Studienjahr wohnen.

Maria mit Vater und Schwestern Bronia und Helena im Jahre 1890

Maria zögerte noch eineinhalb Jahre, bevor sie sich nach langen Überlegungen entschloß, endlich nach Frankreich zu gehen: acht Jahre, nachdem sie das Gymnasium verlassen hatte, und sechs Jahre, nachdem sie sich als Erzieherin verdingt hatte. Sie war zu diesem Zeitpunkt fast 24 Jahre alt. Aus Sparsamkeit reiste sie im Herbst 1891 auf einem Klappstuhl in einem Abteil 4. Klasse durch Deutschland nach Paris.

Mit ihrer fülligen Figur, der Wespentaille und der Hochsteckfrisur – in ihrem Auftreten schüchtern – erscheint sie rein äußerlich als eine typische junge Frau ihrer Zeit. Kaum jemand ahnt damals, daß dieselbe junge Frau von hartnäckigem Ehrgeiz und unbeirrbarer Zielstrebigkeit getrieben wird. Ihre ungewöhnlichen, nach den damaligen Normen sicher »unweiblichen« Interessen waren durch ihr Elternhaus – die strenge Erziehung, den anspruchsvollen, gleichwohl eklektischen Unterricht, der vor allem im Selbststudium bestand, die finanzielle Not – geweckt und gefördert worden. Zusammen mit der prekären wirtschaftlichen Situation der Familie trugen ihre demütigenden Erfahrungen als Erzieherin dazu bei, daß Maria Sklodowska schon früh ein unzeitgemäßes Durchsetzungsvermögen entwickelte und – ganz und gar geschlechtsunspezifisch – nach Unabhängigkeit strebte.

Studienjahre in Paris

Im Oktober 1891 immatrikulierte sich Maria Sklodowska an der Mathematisch-Naturwissenschaftlichen Fakultät der Sorbonne in Paris. Sie hörte Vorlesungen in Physik, Mathematik und Chemie und machte sich mit der Technik wissenschaftlichen Experimentierens vertraut.

Während ihrer ersten Studienmonate wohnte die frischgebakkene Studentin, wie vorgesehen, bei Schwester und Schwager in einer Kolonie polnischer Emigranten am rechten Seine-Ufer. Der Mann ihrer Schwester, Kazimierz Dluski, hatte im Vorort La Villette eine Arztpraxis eröffnet. Maria kehrte sozusagen in ihre polnische Heimat zurück, wenn sie abends die Tür im Hause ihrer Schwester hinter sich schloß.

Dieser behutsame Übergang von der vertrauten Atmosphäre in das fremdartige französische Studentenleben war zunächst eine große psychologische Hilfe. Maria Sklodowska brachte gewiß alle Eigenschaften mit, die eine erfolgreiche Studentin auszeichneten. Trotzdem tauchten Schwierigkeiten auf, mit denen Maria nicht gerechnet hatte. So reichte ihr Französisch nicht aus, um die Vorlesungen zu verstehen. Auch ihr Wissen in Mathematik genügte nicht, um den Kursen in Physik folgen zu können. Viele Anfangsgründe in den Naturwissenschaften hatte sie sich selbst beigebracht; außerdem konnte ihre polnische Schulbildung mit der ihrer Kommilitonen nicht gleichgesetzt werden.

Maria oder Marie, wie sie sich jetzt nannte, verließ dennoch bald die Geborgenheit und den Komfort der schwesterlichen Wohnung, um mehr Selbständigkeit und Ruhe für ihr Studium zu finden. Sie zog ins Quartier Latin in die Nähe der Sorbonne, um sich die zeitraubenden Anfahrten mit der Pferdebahn zu ersparen, und arbeitete noch härter und unermüdlicher als bisher. Da sie nur über bescheidene finanzielle Rücklagen verfügte, mietete sie sich ein billiges Dachzimmer im 6. Stock. Sie schleppte

Kohlen viele Treppen hoch und aß wenig und so billig wie möglich. Meist verzichtete sie auf warme Mahlzeiten und lebte von Butterbroten und Tee.

Aus der rundlichen jungen Frau, die in Warschau in den Zug nach Paris gestiegen war, wurde innerhalb weniger Monate ein zartes, durchsichtiges Wesen, das infolge von Überarbeitung und Unterernährung sogar zeitweise mit Schwindel- und Ohnmachtsanfällen zu kämpfen hatte. Doch die geistige Herausforderung eines schwierigen Studiums in einem fremden Land ließ Marie Sklodowska schließlich die Entbehrungen überwinden und alle Probleme vergessen. Selbst ihre alte Neigung zu nervösen Erschöpfungszuständen verschwand.

Das Studium wirkte wie eine Droge auf sie, von der sie nicht genug bekommen konnte, und verschlang ihre ganze Zeit. Unter ihren Lehrern waren berühmte Leute wie der Mathematiker Paul Appell und der spätere Physik-Nobelpreisträger Gabriel Lippmann, der bei ihrem Rigorosum, zwölf Jahre später, der Vorsitzende der Prüfungskommission sein sollte. Vor und nach den Vorlesungen saß Marie Sklodowska in der Bibliothek, und nachts arbeitete sie in ihrem Dachzimmer weiter. Sie brach fast alle persönlichen Kontakte ab, weil sie ihr Studium hätten beeinträchtigen können. Ihr Leben wurde immer einsamer und isolierter, aber sie wollte es so und war zufrieden damit.

Ihr enormer persönlicher Einsatz, der mit eisernem Fleiß und strenger Selbstdisziplin einherging, blieb nicht ohne Erfolg: Als Beste ihres Jahrgangs erhielt sie 1893 das Diplom in Physik und gewann kurz darauf das Warschauer Alexandrovitch-Stipendium von 600 Rubeln. Damit konnte sie ihre Studien in Paris fortsetzen. Sie strebte auch in Mathematik einen Abschluß an, weil sie eine mathematische Grundlage für systematische Ansätze in Physik und Chemie für unerläßlich hielt. Genau ein Jahr später erhielt sie als Zweitbeste ihres Jahrgangs das Mathematik-Diplom. Damit war sie im Besitz einer akademischen Ausbildung, die jedem männlichen Studenten zur Ehre gereicht hätte.

Inzwischen hatte Marie Sklodowska auch eine ungefähre Vorstellung von ihrer künftigen wissenschaftlichen Arbeit entwik-

Marie Curie als junge Frau in Paris

kelt. Unter dem Einfluß ihrer Lehrer hatte sie ihr Interesse ganz auf die Grundlagenforschung ausgerichtet. Die angewandte Forschung wollte sie anderen überlassen. Ihre weitere wissenschaftliche Karriere war dennoch eher vom Zufall bestimmt als von planvoller Absicht geleitet. Eine nicht unerhebliche Rolle spielte dabei ihre Heirat mit Pierre Curie.

Heirat mit Pierre Curie

Marie Sklodowska war 26 Jahre alt, als sie zu ihrem Physik-Diplom auch noch ihr Diplom in Mathematik erwarb. Vom Examensdruck befreit, konnte sie nun auch persönlichen Beziehungen, denen sie um des Studiums willen aus dem Weg gegangen war, wieder Raum geben. In ihrem letzten Jahr an der Universität – im April 1894 – lernte sie Pierre Curie kennen. Sie begegnete dem hochgewachsenen Franzosen, der acht Jahre älter war als sie und aus einer elsässischen Arzt-Familie stammte, im Hause des polnischen Physikers Kowalski. Pierre Curie erwies sich als genauso zurückhaltend, introvertiert und idealistisch wie sie selbst.

Er arbeitete in relativ bescheidener Position als Lehrer und Laboratoriumsleiter an der von der Stadt Paris gegründeten Schule für Industrielle Physik und Chemie. Dabei war er ein begabter, international anerkannter Physiker, allerdings im eigenen Land noch so gut wie unbekannt. Sein Interesse galt vor allem der Kristallographie und dem Magnetismus. Mit seinem Bruder Jacques zusammen hatte er 1883, also mit 21 Jahren, die Piezo-Elektrizität, die elektrische Aufladung bestimmter Kristalle durch mechanischen Druck oder Zug, entdeckt. Die beiden jungen Forscher konnten damals kaum ahnen, welch riesiges Anwendungsgebiet dereinst auf ihrer Entdeckung fußen würde. Das Prinzip der Piezo-Elektrizität fand vielerlei Verwendung – von der Rundfunk-Industrie über die heutigen Quarz-Uhren bis hin zum Raster-Tunnel-Elektronen-Mikroskop, für das im Jahre 1986 Gerd Binnig und Heinrich Rohrer den Nobelpreis für Physik erhielten. Pierre Curie hätte das alles vermutlich auch nicht sonderlich interessiert. Ihm ging es vor allem um Grundlagenforschung, nicht um die industrielle Verwertung wissenschaftlicher Ergebnisse, und seine eigenen Erkenntnisse nahm er davon nicht aus. Sein Standpunkt war dabei derselbe wie der seiner zukünftigen Frau; »désinteressé« wollte er arbeiten, ganz im Sinne von

Louis Pasteur, nur mit dem Blick auf die reine Wissenschaft und ohne Rücksicht auf eine mögliche industrielle Anwendung.

Pierre Curie war klug genug oder einfach auch nur zu nüchtern oder zurückhaltend, um der spröden, zunächst abwehrenden Marie Sklodowska auf landläufige, chevalereske Weise den Hof zu machen. Seine Angebinde waren keine Blumensträuße, sondern signierte Sonderdrucke seiner Forschungspublikationen. In den Augen seiner Angebeteten waren solche Geschenke sicher auch wirkungsvoller. Die Enttäuschung ihrer romantischen Liebe zu dem Polen Kazimierz Zorawski saß noch tief in ihr, auch wenn die Affäre inzwischen sechs Jahre zurücklag.

Pierre Curies ebenso dezentes wie beharrliches Werben hatte Erfolg. Entgegen ihrer ursprünglichen Absicht blieb Marie Sklodoswka nach ihrem zweiten Examen nicht in Polen, zumal sich ihr dort keine beruflichen Möglichkeiten zur Forschung boten. Sie kehrte nach Paris zurück und ging im Juli 1895 – rund 15 Monate nach ihrer ersten Begegnung – mit Pierre Curie zum Standesamt. Das Paar verzichtete auf alle Förmlichkeiten und tauschte nicht einmal Ringe.

Zum Zeitpunkt der Hochzeit war Marie Sklodowska nicht ganz 28 und Pierre Curie 36 Jahre alt. Das Ziel dieser Verbindung war von Anfang an, nicht nur das Leben, sondern auch die wissenschaftliche Arbeit miteinander zu teilen.

Die Curie'sche Ehe sollte knapp elf Jahre dauern und abrupt enden, als Pierre Curie 1906 bei einem Verkehrsunfall auf einer Pariser Straßenkreuzung den Tod fand. Auf den meisten gemeinsamen Photos sind die Curies als ein ernstes, streng blickendes, dunkel gekleidetes Paar zu sehen. Lediglich einige Bilder aus der Frühzeit ihrer Ehe – von Fahrradausflügen aufs Land – zeigen zwei unbeschwerte, fröhliche junge Leute.

Trotz der relativ kurzen Dauer ihrer Bekanntschaft heiratete Marie Sklodowska am 26. Juli 1895 keinen ihr Unbekannten. Sie wußte zum Beispiel sehr wohl, daß ihr künftiger Mann, der aus einer radikal denkenden Familie republikanischer Tradition kam, trotz seiner linken Ansichten politisch eher zur Passivität neigte. Als Wissenschaftler war er überaus idealistisch eingestellt. Eigene Publikationen waren ihm nicht so wichtig, auch

Pierre und Marie Curie 1895, jung verheiratet

Pierre und Marie Curie in den Flitterwochen 1895

kümmerte er sich nicht sonderlich um die Sicherstellung seiner Karriere. Mit 35 Jahren in einer wenig aussichtsreichen Stellung, hatte er nirgendwo Mäzene und Fürsprecher, allerdings auch keine Feinde. Nach seinem Tod schrieb Marie über ihren Mann: »Er sagte manchmal, daß er sich niemals zum Streit aufgelegt fühlte, und das war ganz und gar wahr. Man konnte mit ihm nicht in Streit geraten, weil er nicht zornig werden konnte.«[2]

Alles in allem war Pierre Curie trotz seiner gutbürgerlichen Herkunft nicht das, was man eine gute Partie hätte nennen können. Aber er war klug, gebildet und aufgrund seiner wissenschaftlichen Praxis Marie weit voraus – Grund genug, ihn in ihren Augen als attraktiven Lebenspartner erscheinen zu lassen. Böse Zungen behaupten denn auch, Marie Curie sei in der Folge nur dank des Könnens und der Erfahrung ihres Mannes zu Ruhm und Ansehen gelangt. Das trifft sicher nicht zu, auch wenn Marie Curie zu Beginn ihrer Ehe wissenschaftlich mehr von ihrem Mann profitierte als er von ihr.

Meilensteine einer wissenschaftlichen Karriere

Mit ihrer Heirat verlor Marie Curie keineswegs ihr wissenschaftliches Fortkommen aus den Augen. Ihre erste gemeinsame Wohnung mit Pierre Curie war spartanisch eingerichtet, und ihr eigentliches Leben spielte sich im Labor ab. Sie hatte nämlich die Erlaubnis erhalten, in der Fachhochschule für Physik und Chemie an der Seite ihres Mannes unentgeltlich zu forschen. Ihren Unterhalt mußte sie allerdings von Pierres Einkommen bestreiten. Das war zu der Zeit nicht viel höher als das eines Pariser Arbeiters.

Während Pierre Curie seine wissenschaftlichen Untersuchungen über Kristallphänomene fortsetzte, ging Marie Curie der Frage nach, wie sich die magnetischen Eigenschaften von Stahl bei verschiedenen Temperaturen je nach der chemischen Zusammensetzung unterschieden. Ihr Untersuchungsgegenstand, der Magnetismus, war ein Bereich, in dem sich ihr Mann bestens auskannte und bereits eine Autorität war. Sie profitierte von seinem umfassenden theoretischen Wissen und seiner reichen praktischen Erfahrung.

Im Herbst 1897 konnte sie diese Untersuchung abschließen. Ihr Arbeitsbericht, der überlang und nicht besonders originell war, zeugte vor allem von Fleiß, Ausdauer und Akribie. Neben dem Bettchen ihrer neugeborenen Tochter Irène machte sie den Bericht für die Veröffentlichung fertig.

Während Marie Curie über den Magnetismus des gehärteten Stahls forschte, bereitete sie sich gleichzeitig auf das Staatsexamen in Mathematik und Physik vor, um als Lehrerin an staatlichen Schulen unterrichten zu können. Im Juli 1896 bestand sie auch diese Prüfungen. Damit gab sie sich jedoch noch nicht zufrieden, sondern suchte sofort die nächste Herausforderung – ein Dissertationsthema.

Lange war sie unschlüssig, worüber sie ihre Doktorarbeit schreiben sollte. Schließlich kam es ihr nicht in erster Linie auf den akademischen Grad an. Ihr Ziel war es, einen deutlichen Beitrag zu einem wichtigen Gebiet der Grundlagenforschung zu leisten. Der Zufall wollte es, daß Marie Curie zur richtigen Zeit an der richtigen Stelle war.

Auf der Suche nach ihrem Dissertationsthema ging Marie Curie die physikalischen Experimente der letzten Zeit durch. Ein Bericht des gleichfalls in Paris arbeitenden französischen Physikers Henri Becquerel, den dieser im Jahr zuvor veröffentlicht hatte, fesselte ihre Aufmerksamkeit. Gegenstand dieser Arbeit war eine Erscheinung, auf die Becquerel gestoßen war, als er sich mit den 1895 von Wilhelm Conrad Röntgen entdeckten sogenannten X-Strahlen oder »Röntgen-Strahlen« beschäftigte.

Becquerel war der Frage nachgegangen, ob nicht bestimmte Körper, die fluoreszieren, also Licht absorbieren und die Energie als sichtbares Licht wieder abgeben, selbst irgendwelche Strahlen aussenden. Bei der Untersuchung von Kaliumuranylsulfat, einem sehr seltenen Mineral, hatte der Franzose die verblüffende Feststellung gemacht, daß die Uransalze »spontan«, also ohne vorhergegangene Lichteinwirkung, Strahlen aussandten, die – wie die Röntgenstrahlen – in der Lage waren, lichtundurchlässige Stoffe zu durchdringen. Während Röntgen also seine Strahlen künstlich durch komplizierte Manipulationen von Materie in Vakuumröhren erzeugen mußte, hatte Becquerel mit den Salzen des Schwermetalls Uran natürliche, von sich aus wirksame Strahlungsquellen entdeckt. Art und Ursprung der Strahlen hatte Becquerel allerdings nicht ausmachen können.

Nach der Lektüre von Becquerels Forschungsbericht überlegten Marie und Pierre Curie, was das wohl für Strahlen sein könnten. Die Strahlen gaben offenbar nur ganz winzige Energiemengen frei. Aber daß ein Mineral mit festen Bestandteilen überhaupt Strahlung aussandte, war seltsam genug.

Im Einvernehmen mit ihrem Mann beschloß Marie Curie, die von Becquerel gefundenen Strahlen zum Thema ihrer Doktorarbeit zu machen und die kleinen, in der Luft sich ausbreitenden Mengen Elektrizität, die die Uransalze abgaben, zu messen. Das schien ein um so reizvolleres Arbeitsgebiet zu sein, als sich nach Becquerel noch niemand wieder mit der Sache befaßt hatte. Becquerel hatte zwar im März 1896 der Französischen Akademie der Wissenschaften einen Bericht vorgelegt, aber der war weitgehend unbeachtet geblieben, ebenso seine folgenden Aufsätze zu dem Thema. Weitere Literatur gab es nicht. Marie Curie mußte also ganz von vorn beginnen.

Die Entscheidung des Ehepaares Curie für die Becquerelschen Strahlen sollte die wichtigste berufliche und private ihres Lebens werden. Bahnbrechend war bereits die sichere Auswahl dieses Themas aus tausend anderen. Nicht nur, daß es zu diesem Zeitpunkt das zukunftsträchtigste war; auf einem solchen Forschungsgebiet konnte Marie Curie ihre Möglichkeiten auch optimal nutzen. Methodisch war sie durch ihr langes Studium bestens gerüstet; ihre enorme Arbeitskapazität, ihre unbeirrbare Einsatzbereitschaft hatte sie zur Genüge bewiesen, außerdem verfügte sie über das nötige Instrumentarium, nämlich das von ihrem Mann erfundene, nach dem piezo-elektrischen Prinzip arbeitende Quarz-Elektrometer. Selbst ein Labor fand sich, wenn auch nur ein äußerst bescheidenes: ein kleiner, verglaster Raum in der Fachhochschule für Physik und Chemie, eigentlich eher ein Schuppen, der bis dahin als Lagerraum und Magazin für Laborapparate gedient hatte und dessen Hauptnachteile die Temperaturschwankungen und seine Feuchtigkeit waren.

Marie Curie begann im Dezember 1897, die winzige Menge elektrischer Ladungen, die das Uran an die Luft abgab, mit Hilfe des Piezo-Elektrometers ihres Mannes systematisch zu messen. Es dauerte nur wenige Wochen, bis sie festgestellt hatte: Je größer der Uranbestandteil in den untersuchten Mineralien war, desto intensiver war die Strahlung. Das Uran erschien in verschiedenen chemischen Verbindungen, aber die Art der Verbindung beeinflußte die Strahlung in keiner Weise. Diese hing nur vom Uran selbst ab. Auch Beleuchtung und Temperatur hatten keinen Einfluß auf die Strahlung.

Marie Curie hatte damit die Strahlung als Atomeigenschaft des Urans entdeckt. Diese einfache Erkenntnis sollte die Grundlage für die Erforschung der Atomstruktur im 20. Jahrhundert werden.

Marie Curie begann bald, nach anderen Substanzen zu suchen, die Strahlen aussenden und damit der Luft zu einer Leitungsfähigkeit für Elektrizität verhelfen. Sie untersuchte so viele Proben von Metallen, Metallverbindungen und Mineralien, wie sie auftreiben konnte, im Laufe der Zeit schließlich alle bekannten chemischen Elemente. Sie stellte fest, daß nur Thorium ähnliche Eigenschaften besitzt wie das Uran und aktive Strahlen aussendet. Der deutsche Chemiker Gerhard Carl Schmidt kam ihr mit seiner Veröffentlichung der gleichen Entdeckung um zwei Monate zuvor. Immerhin blieb es Marie Curie vorbehalten, der neuen Eigenschaft von Uran und Thorium den Namen zu geben – sie benannte sie einfach und deskriptiv »Radioaktivität«, ein Name, der inzwischen zum klassischen Vokabular der Physik gehört.

Bei ihren Messungen von Mineralien, die Uran und Thorium enthielten, stellte Marie Curie bald fest, daß die Radioaktivität bedeutend stärker war, als man nach der Menge des in diesen Mineralien enthaltenen Urans und Thoriums vermutet hätte. Die dort nachweisbaren Mengen von Uran und Thorium genügten nicht, die Intensität der Strahlen zu erklären. Es bestand der begründete Verdacht, daß die Mineralien noch eine andere Substanz, vermutlich ein bislang unentdecktes neues Element, enthielten, das für die starke Strahlung verantwortlich war.

Trotz aller noch ungeklärten Fragen teilte Marie Curie ihre vorläufigen Forschungsergebnisse bereits im April 1898 der französischen Akademie der Wissenschaften mit. Sie arbeitete unverdrossen weiter. Hilfe kam zu diesem Zeitpunkt von ihrem Mann, der kurz zuvor einem Konkurrenten bei der Bewerbung um den Lehrstuhl für Physikalische Chemie an der Sorbonne unterlegen war. Pierre Curie steckte seine eigenen Forschungen an Kristallen bis auf weiteres auf und beteiligte sich an den Experimenten seiner Frau. Gemeinsam begannen sie, Pechblende zu untersuchen, eine Uranverbindung, die wesentlich aktiver Strahlen aussandte als das Uran selbst. Sie stellten bald fest, daß die Pechblende viermal so radioaktiv war wie das reine Uranoxyd, das man aus ihr gewinnen konnte.

Die Arbeit der Curies wurde in den folgenden Jahren auch einer breiteren Öffentlichkeit bekannt; allmählich entstand der Curie-Mythos. Das Forscherpaar begann im April 1898 mit 100 Gramm Pechblende und sondierte die inaktiven Elemente mit Hilfe klassischer chemischer Techniken aus. Bereits im Juli 1898 hatten sie die eigentlich radioaktive Substanz. Von der gereinigten Substanz isolierten sie zwei neue Elemente, die eine weitaus stärkere Radioaktivität besaßen als Uran. Dem einen gab Marie Curie in Erinnerung an ihr Heimatland, nicht ohne patriotische Sentimentalität, den Namen »Polonium«. Das andere, das sich tausendmal aktiver als Uran und in der Folge als das wichtigere Element erwies, nannte sie »Radium«. Zunächst waren lediglich winzige Spuren vorhanden, denn die Konzentrationen in der Pechblende betrugen weniger als ein Millionstel. Von höchstem Interesse war es also, im weiteren Verlauf der Forschungsarbeiten wägbare Mengen zu isolieren. Erst vier volle Jahre später sollte es Marie Curie gelingen, ein zehntel Gramm reines Radiumchlorid zu gewinnen. Damit wurde es möglich, beliebige wissenschaftliche Versuche anzustellen und – auch schon sehr früh – Radiumpräparate zur medizinischen Strahlentherapie zu verwenden.

Der Weg dorthin war allerdings mühsam: Die bisherige Forschung der Curies im Anschluß an Becquerels Entdeckung hatte knapp ein Jahr gedauert und brillante Ergebnisse gebracht. Die eigentliche Knochenarbeit stand noch bevor. Die Curies mußten versuchen, die neuen Elemente Polonium und Radium in größeren Mengen zu gewinnen, um zwei ihrer wichtigsten Eigenschaften feststellen zu können: das Atomgewicht einerseits und das Lichtspektrum andererseits. Bereits für die Präparation der neuen Elemente waren relativ große Massen Pechblende nötig gewesen. Wägbare Mengen konnten nur durch Verarbeitung sehr großer Mengen an Ausgangsmaterial gewonnen werden. Wo sollte dieses Material hergenommen werden?

Die französische Akademie der Wissenschaften wandte sich an ihre österreichisch-ungarische Schwesterinstitution mit der Bitte, dem Ehepaar Curie entsprechendes Rohmaterial zur Verfügung zu stellen. Denn die Minenunternehmung von St. Joachimsthal in Böhmen war damals die einzige größere Quelle für Uran. Tatsächlich konnten die Curies von dort Uranrückstände erhalten, die jahrelang in den nahen Bach geworfen worden waren. Es stellte sich heraus, daß sich diese Rückstände zur Isolierung des Radiums besonders gut eigneten.

Zunächst wurden zwei Eisenbahnwaggonladungen unentgeltlich zur Verfügung gestellt. Nur der Transport mußte bezahlt werden. Später folgten dann noch weitere große Gratislieferungen. Alles in allem hat die österreichische Regierung dem Ehepaar Curie 60 Tonnen Uranrückstände zur Radiumgewinnung ohne Entgelt übergeben.

Die in größerem Maßstab in und vor dem Schuppen der École de Physique vorgenommenen Aufbereitungen der Uranrückstände hatten nun kaum mehr Laborcharakter. Marie Curies Interesse konzentrierte sich allerdings nur noch auf das Radium. Sie hatte erkannt, daß es – verglichen mit dem Polonium – das aktivere der beiden Elemente war und sich auch besser in reiner Form extrahieren ließ. Doch mußte mit riesigen Fässern, Bottichen und Kannen hantiert werden, um das Radium zu isolieren und zu kristallisieren.

In langwieriger, mühevoller und monotoner Arbeit, die unendlich viel Geduld, Ausdauer und gewissermaßen auch Eigensinn erforderte, gelang es Marie Curie im Jahre 1902 nach gut vierjähriger Arbeit, zwei Präparate herzustellen, deren Aktivität bedeutend höher war als die des Uranoxids und deren Atomgewicht sich bestimmen ließ. Die erhaltenen Salze waren aber noch keineswegs reine Radiumchloride. Bis zur Reindarstellung des Radiumchlorids sollten noch fünf weitere Jahre gleichförmiger chemischer Reinigung vergehen.

Die Arbeit, die Marie Curie bei der Konzentration und schließlich bei der Reindarstellung der Radiumsalze ausgeführt hatte, war insofern neuartig, als sie anfänglich mit verschwindend geringen und daher unsichtbaren Substanzmengen umgehen mußte. Der Erfolg jeder analytisch-chemischen Operation konnte nur durch die Zunahme der Strahlung, also durch elektrometrische Messungen festgestellt werden. Dieses Verfahren, das von Pierre und Marie Curie in die Wissenschaft eingeführt wurde, war lange die grundlegende Arbeitsweise der »Radiochemie«.

Am 25. Juni 1903 legte Marie Curie an der Sorbonne ihre mündliche Doktorprüfung ab. Ihre ca. 100 Seiten umfassende Dissertation trug den Titel »Forschungen über radioaktive Stoffe von Frau Sklodowska-Curie«. Marie Curie wurde mit der Note »très honorable« promoviert.

Die Forschungsergebnisse, die ursprünglich nur für die Doktorarbeit bestimmt waren, begannen Kreise zu ziehen. Kurz nach Maries Promotion wurde den Curies von der Londoner Royal Society eine ihrer höchsten Auszeichnungen, die Davy-Medaille, verliehen.

Noch im selben Jahr, im November 1903, folgte der Nobelpreis für Physik. Er wurde erst zum dritten Mal verliehen und zur einen Hälfte Henri Becquerel, zur anderen Hälfte dem Ehepaar Curie zuerkannt: »als Anerkennung für die außerordentlichen Verdienste, die sie sich durch die Entdeckung der spontanen Radioaktivität und der Strahlungsphänomene erworben haben.« Wegen ihrer geschwächten Gesundheit konnten die Curies erst eineinhalb Jahre später nach Stockholm fahren, wo Pierre Curie den mit der Verleihung des Nobelpreises verbundenen Vortrag vor der Schwedischen Akademie der Wissenschaften hielt.

Die Curies benutzten einen Teil des Nobelpreis-Betrages dazu, einen Assistenten für ihr Labor einzustellen und einige unentbehrliche Arbeitsgeräte anzuschaffen. Trotz der Bedeutung ihrer Entdeckung und trotz des Ruhms, den sie Frankreich brachten, wurden die Curies weder sofort an die Universität berufen, noch erhielten sie Laborräume oder finanzielle Unterstützung. Dabei hatte die Genfer Universität Pierre Curie bereits im Jahre 1900 einen Lehrstuhl angeboten, und zwar mit überdurchschnittlichem Gehalt, einem nach eigenen Wünschen einzurichtenden Labor und einem offiziellen Forschungsplatz für Marie Curie.

Marie und Pierre Curie im Laboratorium

Die Curies hatten nach einigem Zögern abgelehnt, weil sie durch die örtliche Veränderung einen Verzug in ihrer Forschung befürchteten. Um ihren Unterhalt zu verdienen und in der Freizeit ihre Forschungen fortführen zu können, mußten beide weiterhin Lehraufträge übernehmen – Pierre Curie gab Kurse in Physik, Chemie und Naturgeschichte an der Sorbonne, und Marie Curie arbeitete als Teilzeitlehrerin an einer Mädchenoberschule in Sèvres, wo sie Physik unterrichtete.

Nach einem weiteren Jahr wurde auch die französische Kultusbürokratie auf die Curies aufmerksam: Im November 1904 erhielt Pierre Curie endlich einen Lehrstuhl für Physik an der Universität, dazu ein Labor mit drei Assistenten, dem seine Frau als Leiterin vorstand. Die finanzielle Knappheit hatte damit ein Ende.

Nach dem Tode ihres Mannes, im April 1906, setzte Marie Curie ihre wissenschaftliche Arbeit allein fort. Sie konnte die Nachfolge ihres Mannes an der Universität antreten. Am 13. Mai 1906 wurde sie außerordentliche Professorin an der Sorbonne. Sie war die erste Frau, die hier einen Lehrauftrag erhielt.

Sie brauchte nochmals fünf Jahre intensiver Arbeit, bis es ihr gelang, eine größere Menge reinstes Radiumchlorid herzustellen. Im August 1911 konnte sie in Brüssel einer internationalen Kommission ein Präparat von knapp 22 Milligramm vorlegen; es wurde zum »Internationalen Radiumstandard« erklärt.

Im Anschluß daran wurde Marie Curie als bis dahin einzigem Wissenschaftler der zweite Nobelpreis, diesmal für Chemie und ungeteilt, verliehen: »als Anerkennung des Verdienstes, das sie sich um die Entdeckung der Elemente Radium und Polonium, durch die Charakterisierung des Radiums und dessen Isolierung in metallischem Zustand und durch die Untersuchungen über die Natur und die chemischen Verbindungen dieses Elements erworben hat«.

Das Nobel-Komitee rechtfertigte seine Entscheidung, ihr nochmals den Preis zu verleihen, mit der Begründung, »daß die Entdeckung des Radiums noch nicht Gegenstand einer Auszeichnung« gewesen sei und daß der frühere Preis von 1903 für »die Entdeckung der Radioaktivität vergeben worden war; die in der Pechblende neu entdeckten Elemente waren nicht erwähnt worden«.

Kritiker meinen allerdings, daß der Wert der Entdeckung des Radiums auch ohne eigentliche Namensnennung des Elements mit dem Preis von 1903 bereits honoriert worden sei. Sie gestehen zu, daß die Arbeit, die Marie Curie seit 1902 geleistet hatte, erstklassige Chemie gewesen sei und daß sie Radium und Polonium einen Platz im periodischen System der Elemente gesichert habe. Nach ihrer Auffassung hat die Forscherin jedoch kein neues wissenschaftliches Gebiet eröffnet.

Der eigentliche Grund für die neuerliche Vergabe des Nobelpreises an Marie Curie waren wohl, wie man vermutet, schlichtweg menschliche, freundschaftliche Motive: Im Jahre 1911 begegnete Marie Curie im Kreise ausländischer Kollegen einer Welle der Solidarität, des Mitgefühls und des »good will«, als die Demütigung ihrer Abweisung durch die französische Akademie der Wissenschaften bekannt wurde und zugleich Gerüchte über eine Liebesaffäre mit dem französischen Physiker Paul Langevin in der Regenbogenpresse ihre Runde machten. Der Beschluß der Königlichen Schwedischen Akademie der Wissenschaften, Marie Curie ein zweites Mal mit dem Nobelpreis auszuzeichnen, gilt deshalb für viele vor allem als ein Protest gegen die Behandlung, welche die Wissenschaftlerin zur damaligen Zeit durch manche Kreise in ihrer Wahlheimat Frankreich erfuhr.

Symbiose zweier Forscher

Kaum eine Ehe unter Wissenschaftlern ist wohl je so produktiv gewesen wie die elf gemeinsamen Jahre von Marie und Pierre Curie. Strittig blieb jedoch die Frage, ob Marie Curie nicht letztlich nur eine wissenschaftliche Handlangerin, ein Anhängsel ihres Ehemannes gewesen sei.

Ohne Zweifel war der acht Jahre ältere Pierre Curie seiner Frau zu Beginn ihrer Ehe in Sachen Forschung an Erfahrung, Durchblick und bereits erworbenen Verdiensten weit überlegen. Maries erste wissenschaftliche Gehversuche als frischgebackene Diplomandin in Physik und Chemie, kurz nach ihrer Heirat, fanden nicht nur in Pierres Labor in der Fachhochschule für Physik und Chemie, sondern auch auf seinem Spezialgebiet des Magnetismus statt. Die Ergebnisse gelten unter Fachleuten als anerkennenswert, aber nicht als besonders originell.

Auch an der Wahl von Maries Dissertationsthema war Pierre Curie entscheidend beteiligt. Mehr noch als seine Frau wird er ermessen haben, daß die von Becquerel kurz zuvor entdeckte natürliche Strahlung des Urans wissenschaftliches Neuland bot, das sich zu beackern lohnte. Und Pierre Curie hatte guten Grund, seiner Frau zu diesem einen unter tausend anderen Themen zu raten: Dank des von ihm zusammen mit seinem Bruder Jacques entwickelten, nach dem Piezo-elektrischen Prinzip arbeitenden Elektrometers und dank seiner Erfahrung im Umgang mit diesem Instrument war Marie besser als andere Forscher gerüstet, quantitative Messungen zur Klärung der Becquerelschen Strahlen anzustellen.

Auch nachdem Marie Curie mit ihren Experimenten begonnen hatte, stand ihr Mann ihr unermüdlich mit seinem Rat zur Seite. Ihre eigenen Schilderungen lassen keinen Zweifel daran, daß sie auch den kleinsten Schritt ihrer Arbeit stets mit ihm durchgesprochen hat. Damit nicht genug: Nach kurzer Zeit wurde aus der bloßen Beratung tatkräftige Mitarbeit. Pierre ließ

– offenbar von wissenschaftlicher Neugierde getrieben – seine eigenen Untersuchungen über Kristalle liegen und beschloß, seiner Frau bei der Entdeckung des Radiums zu helfen.

Da die originalen Labornotizen noch erhalten sind, läßt sich genau verfolgen, in welchem Ausmaß jeweils beide Eheleute an den Untersuchungen beteiligt waren. Anfangs zeigt der Text nur die Schriftzüge Marie Curies, mit gelegentlichen Randbemerkungen Pierres. Aber von dem Zeitpunkt an, als die große Bedeutung der Messungen klar wurde, wechseln beide Handschriften oft auf ein und derselben Seite ab, ob es sich nun um chemische oder physikalische Untersuchungen handelt.

Allerdings kam es in der Kooperation des Zweier-Teams bald zu einem kritischen Moment: Die Mühsal der technischen Bearbeitung des Urans war so groß, daß Pierre Curie eines Tages ernsthaft den Kampf aufgeben wollte. Er erklärte, er wolle die Isolierung des Radiums auf später verschieben und erst noch das Wesen der neuen Strahlung ergründen. Pierre plädierte also zunächst für die physikalische Erforschung des neu entdeckten Elementes Radium.

Marie Curie hielt das für einen entscheidenden Fehler. Sie meinte, die Chemiker der ganzen Welt erwarteten mit einem gewissen Recht, daß das Radium zunächst einmal wirklich gesehen und gewogen werde und daß sein Atomgewicht sowie seine sonstigen Eigenschaften festgestellt würden, bevor sie es anerkennen könnten. Daß sie so und nicht anders dachte, hing mit ihrer eigenen Einstellung zusammen. Von Anfang an hatte sie in ihrer wissenschaftlichen Arbeit Treue zum Experiment bewiesen und wenig Mut gezeigt, über die experimentell gesicherten Fakten hinauszugehen. Dieser empirische Positivismus blieb bestimmend für ihr ganzes weiteres Schaffen. Kritiker machten ihr später zum Vorwurf, daß sie sich damit selbst eine gewisse Begrenzung auferlegt und auf das theoretische Gerüst ihrer Arbeit verzichtet habe, das wenig später der Neuseeländer Ernest Rutherford als Zusammenfassung der Experimente über die Radioaktivität lieferte. Vermutlich aber waren Hypothese und Spekulation dem Wesen der Marie Curie einfach zu fremd; vielleicht erschienen sie ihr auch sogar als unseriös.

Marie Curie setzte sich ihrem Mann gegenüber durch, was die Art der Weiterführung ihrer Arbeiten über natürliche Radioaktivität betraf. Das Paar einigte sich darauf, daß Marie sich auf die Arbeit der Chemikerin spezialisierte und die neuen Stoffe trennte, während Pierre die physikalischen Eigenschaften der Stoffe auf den verschiedenen Stufen der chemischen Trennung untersuchte. Spätestens von diesem Zeitpunkt an muß auch kritischen Betrachtern aufgegangen sein, daß Marie Curies beharrlicher Einsatz, ihre Arbeitsbesessenheit, einen entscheidenden Anteil an der gemeinsamen Forschung mit ihrem Mann hatte.

Im weiteren Verlauf der Arbeiten zur Isolierung des Radiums waren es wohl vor allem die praktischen Talente Marie Curies, die letztlich zum durchschlagenden Erfolg verhalfen. Denn der notwendige chemische Trennungsprozeß war weniger eine intellektuelle Bravourleistung als eine staunenswerte Knochenarbeit. Marie Curies Part bei der gemeinsamen Forschung war der körperlich anstrengendere Teil und für eine Frau extrem beschwerlich. Die relativ kleine, zarte Person mußte die schweren Behälter mit Pechblende transportieren, die für die ersten Stadien der Trennung erforderlich waren, mußte deren Inhalt von dem einen in den anderen umfüllen und manchmal den ganzen Tag lang mit einem Eisenstab, der fast so groß war wie sie selbst, in der heißen, dampfenden Flüssigkeit rühren.

Hier war es offenbar vor allem Marie Curie mit ihrer eisernen, in vielen Jahren immer wieder erprobten Ausdauer und Zähigkeit, ihrer Energie und Willensstärke, die nicht locker ließ, jahrelange Schwerstarbeit rund um die Uhr nicht scheute und mit bescheidensten Mitteln improvisierte, wo andere angesichts der sich auftürmenden Hindernisse längst aufgegeben hätten. Ihre unerschütterliche Entschlossenheit, ihre Hingabe an die selbst gestellte Aufgabe nötigten ihren Mann – nicht selten gegen seine bessere Einsicht – zum Mit- und Weitermachen und damit letztlich auch zum Erfolg.

Die Gloriole, mit der die Geschichte Marie Curie umgeben hat, ist nicht zuletzt ein Tribut an ihr Durchhaltevermögen. Als die größten wissenschaftlichen Leistungen der Curies gelten die Entdeckung von Radium und Polonium sowie die Annahme, daß

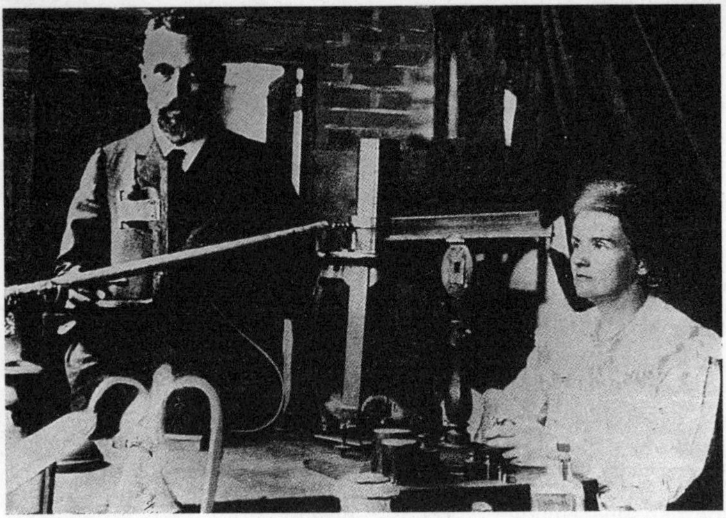

Pierre und Marie Curie im Labor der Schule für Physik und Chemie

die Radioaktivität dieser Elemente ihrem Wesen nach atomar ist. Die Reinigung des Radiumchlorids und die Bestimmung des Atomgewichts von Radium scheinen dagegen – wissenschaftlich betrachtet – eher Routineaufgaben und von sekundärer Wichtigkeit zu sein. Marie Curie hatte diese allerdings unter solch widrigen Umständen bezwungen, daß ihre Durchführung legendäre Züge erhielt.

Bereits zu einem frühen Zeitpunkt ihrer Forscherkarriere erkannte Marie Curie übrigens, daß sie auch oder gerade wegen der engen wissenschaftlichen Zusammenarbeit mit ihrem Mann um ihre Anerkennung als eigenständige Naturwissenschaftlerin würde kämpfen müssen. Die Zweifel mancher Kollegen an ihrer Fähigkeit, als Frau eine derart originäre Arbeit zu leisten, waren deutlich genug. Selbst ihr langjähriger Lehrer und Vorsitzender bei ihrer Promotion, Gabriel Lippmann, hatte zusammen mit seinen Pariser Kollegen Henri Poincaré, Éleuthère Mascart und Gaston Darboux dem Nobel-Komitee in Stockholm lediglich ihren Mann, ohne Erwähnung ihrer Person, für die zweite Hälfte des Physik-Nobelpreises im Jahre 1903 vorgeschlagen.

Ihre Reaktion auf die Geringschätzung ihrer Person war offenbar eine Flucht nach vorn: Das erste Wort ihrer ersten Veröffentlichung über die Strahlung war »Ich«, und auch später sprach sie bei jeder Gelegenheit unzweideutig aus, für welche Forschungsergebnisse sie und nur sie allein verantwortlich war. Sie wies durchaus auf die Leistungen ihrer Mitarbeiter hin, nicht zuletzt auf die ihres Mannes; aber sie ließ niemals Zweifel an ihrem Eigentumsrecht aufkommen.

Dieses Selbstbewußtsein zeigte sie auch noch auf andere Weise. Sie, die von Natur aus eher schüchtern und zurückhaltend war, entwickelte verbales Durchsetzungsvermögen, sobald es um ihr spezielles Interessengebiet der Radioaktivität ging. Mitarbeiter und Kollegen haben immer wieder vermerkt, daß sie es war, die bei Gesprächen die Richtung bestimmte und nicht die anwesenden Männer.

Wie schwer muß es Marie Curie unter diesen Umständen gefallen sein, im Juni 1905 in Stockholm im Publikum zu sitzen und ihren Mann bei seinem offiziellen Vortrag über die Resultate ihrer gemeinsamen Arbeit berichten zu hören. Es ist nicht bekannt, ob Marie Curie ihrem Mann freiwillig den Vortritt gelassen hat oder ob sie gar nicht erst eingeladen wurde, selbst die Ergebnisse ihrer Arbeit, die ja eigentlich Grundlage ihrer Dissertation waren, darzustellen.

Im Jahre 1911 hatte Marie Curie dann Gelegenheit, für sich selbst zu sprechen. In ihrem eigenen Vortrag anläßlich des zweiten, allein erhaltenen Nobelpreises für Chemie, ließ sie bei den Zuhörern keinen Zweifel darüber aufkommen, welche Leistungen sie für sich beanspruchen konnte, und zwar ausschließlich für sich. Zu häufig hatte sie den Vorwurf gehört, daß ihre große Leistung auf der großen Begabung Pierre Curies beruhe. Nun benutzte sie bei jeder Gelegenheit Personal- und Possessivpronomina, um den Zuhörern klarzumachen, was ihr geistiges Eigentum war. Sie redete von ihrem Gegenstand als dem, »den *ich* Radioaktivität genannt habe«, »von *meiner* Hypothese, daß die Radioaktivität eine Eigenschaft des Atoms ist«, und sie sagte noch einmal ganz deutlich: »Die chemische Arbeit mit dem Ziel, Radium im Zustand eines reinen Salzes zu isolieren und es als neues Element zu kennzeichnen, wurde speziell *von mir* durchgeführt.«[3]

Das Radium und seine Folgen

Die strapaziösen Jahre angestrengtester Arbeit, in denen Marie Curie – von der Wirklichkeit des Radiums überzeugt – das neue Element in unendlich langen Trennungsprozessen aus der Pechblende isolierte, hat sie zwanzig Jahre später als die beste und glücklichste Zeit ihres Lebens bezeichnet. Das bescheidene, behelfsmäßige Labor in dem Schuppen der Fachhochschule für Physik war damals das Zentrum ihres Lebens. Sie selbst beschrieb ihre Glücksgefühle, wenn sie nachts gelegentlich mit ihrem Mann an ihren Arbeitsplatz zurückkehrte und im Dunkeln das Produkt ihrer Anstrengungen und Mühen leuchten sah: die bläulich schimmernden Silhouetten der Behälter, die die an radioaktivem Stoff immer reicheren, verfeinerten Lösungen aus Pechblende enthielten. Um die geheimnisvolle Leuchtkraft des Radiums dem staunenden Publikum bei Vorträgen oder auch nur daheim in kleinem Kreis zu demonstrieren, benutzten die Curies später gern einen kleinen, teilweise mit einem Zinkmantel umhüllten Tubus mit Lösung von Radiumsalz, der im Dunkeln denselben Effekt verbreitete.

Marie und Pierre Curie ahnten zu diesem Zeitpunkt noch nicht, daß für den ungeschützten menschlichen Organismus gerade jene Strahlen der radioaktiven Elemente gefährlich sind, die unter anderem das Aufleuchten der sie umgebenden Materie hervorrufen. In jedem Augenblick, den die Curies in ihrem Schuppen verbrachten, atmeten sie Radon ein, ein Gas, das ein Zerfallsprodukt von Radium ist. Es sollte sich später als unmittelbare Ursache von Lungenfibrose und anderen Erkrankungen der Atmungsorgane herausstellen, die besonders bei Arbeitern im Erzbergbau auftraten. In den vielen Stunden im Labor setzten die Curies, ohne sich dessen bewußt zu sein, ihre Körper einer Flut von Gammastrahlen aus ungeschützten, konzentrierten Strahlungsquellen aus, die sich bald als äußerst schädlich für das Knochenmark und als Ursache von Blutkrebs erweisen sollten. Marie und Pierre Curie aber arbeiteten weiter, ohne sich über den risikoreichen Einfluß im klaren zu sein, den die Radioaktivität täglich auf sie ausübte.

Allerdings bemerkte das Forscherpaar irgendwann, daß der ständige Umgang mit Radiumlösungen nicht ohne äußerliche Wirkung auf ihre Hände blieb. Vor allem die Fingerspitzen waren rauh und entzündet und schmerzten bei jeder Bewegung. Weit davon entfernt, darin ein Zeichen von Gefahr zu sehen, waren die Curies stolz auf diese Male, die ihnen Bestätigung und Beweis für die Existenz des Radiums schienen. Immerhin sah sich Pierre Curie veranlaßt, die biologischen Effekte von Radiumstrahlen gründlicher zu studieren.

Die erste Wirkung der Strahlen auf den menschlichen Körper hatte der deutsche Mediziner Otto Walkhoff an sich selbst festgestellt, als er bemerkte, daß Röhren mit Radiumpräparaten, die er in der Tasche trug, nach einigen Tagen durch den Stoff hindurch empfindliche Verbrennungen hervorriefen. Pierre Curie machte ein gezieltes Experiment am eigenen Körper: Er klebte sich für zehn Stunden mit einem Pflaster ein Radiumsalzpräparat an den Unterarm und brachte sich auf diese Weise eine üble Entzündung unter der Haut bei, die zwei Monate brauchte, bis sie geheilt war. Zurück blieb eine graue Narbe.

Auch Becquerel machte ähnliche Erfahrungen und verbrannte sich, als er eine Glasröhre mit Radium in der Westentasche bei sich trug. Er sann auf Abhilfe und stellte fest, daß das Radium keinerlei schädliche Wirkung ausübte, wenn es mit Blei umgeben und abgeschirmt war. Weder er noch die Curies noch andere Forscher fürchteten zu diesem Zeitpunkt das Berufsrisiko einer kleinen Verbrennung beim Umgang mit Radium. Niemand von ihnen dachte daran, daß die radioaktiven Stoffe, mit denen sie arbeiteten, in der Lage sein könnten, die gesunden Zellen des menschlichen Körpers dauerhaft zu schädigen.

Das ist um so erstaunlicher, als Curie zusammen mit Kollegen aus der Medizin nach einigen Tierversuchen schnell zu der Überzeugung kam, daß Radium kranke Zellen zerstört und damit eine Heilmöglichkeit für gewisse Formen von Krebs darstellt. Im Jahre 1903 veröffentlichte Curie zusammen mit zwei

Medizinern einen Bericht über den experimentellen Einfluß radioaktiver Strahlen auf Mäuse und Meerschweinchen. Bei der Sezierung der Tierleichen hatten sie starke Blutstauungen in den Lungen sowie Veränderungen der weißen Blutkörperchen festgestellt.

Französische Ärzte gingen rasch dazu über, das Radium zur Krebsbehandlung in der Praxis anzuwenden. Sie benützten zu diesem Zweck Radium, das ihnen das Ehepaar Curie leihweise zur Verfügung stellte. Der therapeutische Einsatz des Radiums gegen Carzinome wurde bald nach Pierre »Curie-Therapie« genannt.

Es dauerte nicht lange, und Radiumpräparate für die medizinische Therapie wurden in größerem Umfang in einer Fabrik hergestellt. Das kommerziell produzierte, regulär verkaufte Radium war nach kurzer Zeit eine der kostspieligsten Substanzen der Welt. Die Curies zogen keinerlei Gewinn daraus, denn sie hatten niemals ein Patent zur Radium-Gewinnung angemeldet, sondern ihre eigenen Kenntnisse bei Bedarf nicht nur an Kollegen in der Wissenschaft, sondern auch an die Industrie arglos weitergegeben. Ihr Leitmotiv blieb der Satz: Die reine Wissenschaft darf nicht zum Geschäft werden. Den medizinischen Erfolgen mit dem Radium wurde nach einigen Jahren immerhin forschungspolitisch Rechnung getragen: Die Sorbonne und das Pasteur-Institut stellten je 400000 Francs für den Bau eines Radium-Instituts zur Verfügung. Dieses seit 1911 im Bau befindliche, im Juli 1914 fertiggestellte, aber erst nach dem 1. Weltkrieg eröffnete Institut in Paris bekam zwei Hauptabteilungen: eine für die Radioaktivitätsforschung unter der Leitung von Marie Curie und eine zweite medizinisch-physiologische unter dem Medizin-Professor Claude Régaud.

Der 1. Weltkrieg war für Marie Curie Anlaß genug, sich selbst mit der diagnostischen Anwendung der Radiologie zu beschäftigen. Zu Beginn des Krieges sah sie voll Schrecken, wie wenig die französischen Militärärzte von dem Hilfsmittel der Röntgendiagnose Gebrauch machten, um Knochenbrüche oder die Lage von Geschossen zu erkennen. Es war ihrer Initiative zu verdanken, daß dem Militär fahrbare Röntgenapparate zur Verfügung gestellt wurden. Während des Krieges wurden unter ihrer Leitung in ihrem Labor Kurse in Röntgenologie abgehalten, und sie selbst fuhr öfters zur Front, um das korrekte Funktionieren der Röntgenuntersuchungen zu überwachen und auch selbst zu röntgen. In Anerkennung ihrer Verdienste um die medizinische Wissenschaft wählte die Pariser Académie de Médecine sie im Jahre 1922 als erste Frau zum Mitglied, und das ohne formelle Kandidatur.

Im Laufe der Zeit schwand auch bei Marie Curie die Sorglosigkeit der Anfangsjahre im Umgang mit Radium. Als sie zu Beginn des 1. Weltkrieges, Ende August 1914, einen schweren Koffer mit dem kostbaren Radium, das sie erstellt und in ihr Institut eingebracht hatte, aus Angst vor der deutschen Eroberung von Paris nach Bordeaux brachte, da war das Element sachgerecht abgeschirmt. Die Kiste mit dem einen Gramm Radium wog zwanzig Kilogramm. Das Gramm war nämlich in viele Einzelmengen aufgeteilt, von denen jede besonders geschützt war.

Dennoch blieb Marie Curie auch später trotz wachsender Professionalität letztlich blind gegenüber den unerbittlichen Auswirkungen radioaktiver Strahlen, denen sie und ihr Mann sich seit dem Jahre 1898 so bedenkenlos ausgesetzt hatten. Dabei gab es von Anfang an genügend gesundheitliche Signale, denen sie nur etwas mehr Aufmerksamkeit hätte schenken müssen.

Schon um die Jahrhundertwende zeigte sich nämlich auch für Außenstehende, daß sich die Lebens- und Arbeitsbedingungen der beiden Curies erheblich auf ihren Gesundheitszustand, ihr Leistungsvermögen und ihr Äußeres auswirkten. Beide sahen überarbeitet, erschöpft und fehlernährt aus. Sie aßen sehr wenig und äußerst unregelmäßig; nicht selten improvisierten sie ihre Mahlzeiten neben dem Labortisch, an dem sie arbeiteten. Marie Curie nahm zum Beispiel in vier Jahren ihrer Tätigkeit in dem Schuppen der Fachhochschule 7 Kilo ab.

Pierre Curie litt immer häufiger an Muskelschmerz und Rheuma; er brach mehrfach zusammen und mußte das Bett hüten. Auch Marie Curie war ständig müde, lethargisch und anfällig für Erkältungskrankheiten jeglicher Art. Der Hausarzt fand in ihrem linken Lungenflügel sogar Anzeichen für tuberkulöse

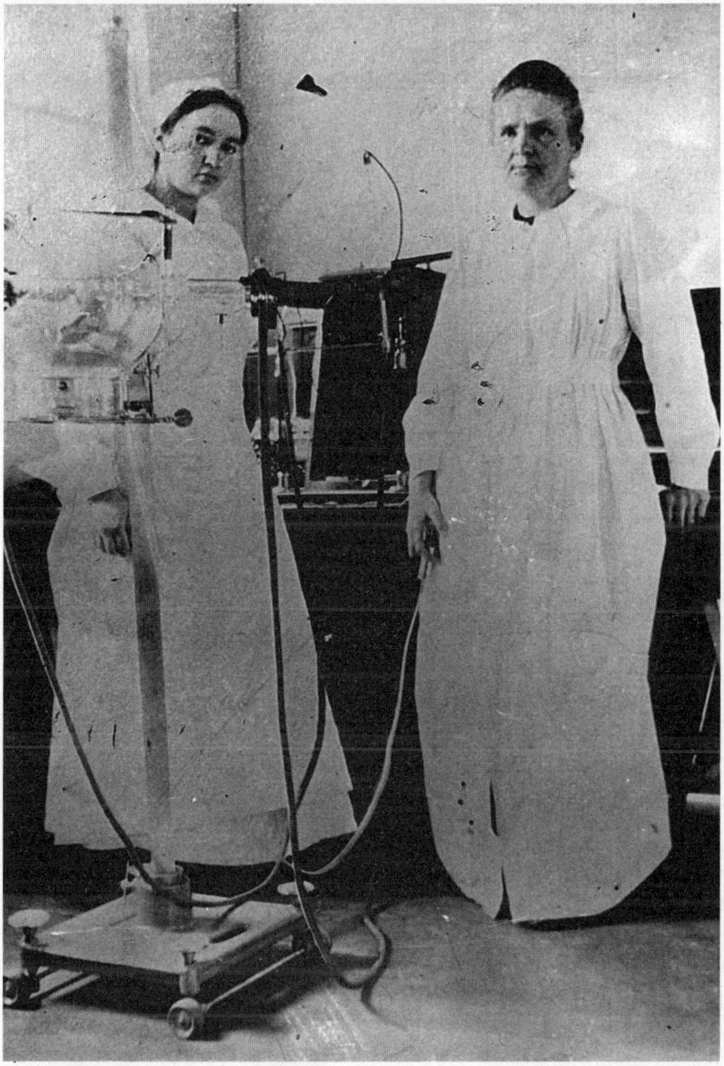

Marie Curie mit ihrer Tochter Irène im radiologischen Einsatz im 1. Weltkrieg

Veränderungen. Obwohl sie in frühester Jugend miterlebt hatte, wie ihre Mutter an Tuberkulose gestorben war, wollte Marie Curie dennoch nichts von einem ärztlich empfohlenen, mehrwöchigen Sanatoriumsaufenthalt wissen. Sie versuchte, weiterhin hart gegen sich selbst zu sein und durch verstärkte physische Anstrengung gegen ihre körperliche Schwäche anzugehen, vielleicht auch weil sie wußte, daß sie in jungen Jahren zur Hypochondrie geneigt hatte. Ihre Nerven spielten dabei nicht immer mit: Es gab Zeiten, in denen sie nachts schlafwandelnd durchs Haus irrte.

Marie Curie änderte auch nichts an ihrer Arbeitsweise, als sie im Jahre 1903 ihr zweites Kind erwartete. Ihre Schwangerschaft fiel genau mit der Phase zusammen, in der sie mit hochkonzentrierten Lösungen von Radium und Polonium arbeitete und dabei eine extrem hohe Strahlendosis aufnahm. Die Folge der Überarbeitung und der ungesunden Lebensweise war eine Frühgeburt. Das kleine Mädchen starb wenige Stunden nach der Entbindung. Bei der Geburt ihrer nächsten und letzten Tochter, eineinhalb Jahre später, hatte Marie Curie wie durch ein Wunder Glück: Trotz böser Vorahnungen war das Kind gesund.

Mit zunehmendem Alter wuchs Marie Curies körperliche Anfälligkeit. Sie ermüdete immer schneller und mußte sich oft zwingen, bei ihrer Arbeit auszuharren. Rheumatische Schmerzen begannen auch sie zu plagen, und unerträgliches Ohrensausen drohte ihr manchmal die Besinnung zu rauben. Gegen Ende ihres Lebens bereitete ihre Lunge den Ärzten zunehmend Sorge. Die Krankheit war vermutlich die Folge des langjährigen Einatmens von radioaktivem Staub, gegen den sie sich niemals geschützt hatte.

Trotz aller Einflüsse, die ihre Gesundheit von jungen Jahren an ruinierten, wurde Marie Curie erstaunlicherweise 67 Jahre alt; sie hatte ihr Leben lang mit bemerkenswerter Kraft viel zuviel gearbeitet. Aber sie hätte – wie der ärztliche Befund nach ihrem Tod ergab – noch länger leben können, wenn sie nicht das Radium entdeckt und lange unter primitiven Bedingungen damit gearbeitet hätte. Soweit in der Medizin überhaupt sichere

Aussagen möglich sind, mußten die Ärzte nach Marie Curies Tod annehmen, daß sie an perniziöser Anämie gestorben war, weil ihr Knochenmark durch radioaktive Strahlen zerstört war und keine neuen Blutkörperchen mehr bilden konnte. Auf Medikamente reagierte ihr geschwächter Körper nicht mehr. Es spricht alles dafür, daß Marie Curie ihre Arbeit an der Radioaktivität mit lebenslanger Unpäßlichkeit und letztlich infolge von Strahlenkrankheit mit einem zu frühen Tod bezahlte.

Die Doppelrolle

Wo immer in der Wissenschaft von Marie Curie gesprochen wird, ist gleichzeitig die Rede von ihrem Mann Pierre und ihrer Tochter Irène, die das Werk der Eltern mit gleichfalls beachtlichem Erfolg fortsetzte. Marie verstand es offenbar vorzüglich, ihre eigenen wissenschaftlichen Interessen in eine Art Familienprogramm umzusetzen. Daß Maries wissenschaftliches Engagement auch Mann und Tochter mitriß, ist dabei weniger erstaunlich als der Umstand, daß sie neben ihrer eigenen aufwendigen Forschungsarbeit überhaupt noch eine Familie und einen Haushalt physisch und psychisch bewältigen konnte.

Auch wenn es um die Jahrhundertwende für eine Frau gehobenen Standes zweifellos extrem ungewöhnlich war, neben der Familie noch einen Beruf zu haben, scheint die Doppelrolle in Marie Curies Lebensentwurf durchaus vorprogrammiert: Ihre eigene Mutter hatte, solange es ihr Gesundheitszustand erlaubte, neben ihrem Haushalt mit fünf Kindern immer ihren erlernten Beruf als Lehrerin und Erzieherin ausgeübt. Schon als kleines Mädchen hatte Marie Curie also aus nächster Nähe erlebt, daß eine bezahlte Tätigkeit auch für eine verheiratete Frau und Mutter nützlich und erstrebenswert ist und sich die weibliche Rolle nicht nur auf den eigenen häuslichen Bereich erstrecken muß. Zugleich prägten das harmonische Familienleben der Sklodowskis, das geistige Vorbild der Eltern und die geschwisterliche Solidaritätsgemeinschaft Marie Curie weit über ihre Kindheit in Polen hinaus, so daß ihr eine eigene Familie vermutlich als absolutes Muß erschien und ein Verzicht auf Mann und Kinder um des Berufserfolgs willen sicher für sie nie denkbar gewesen wäre.

Zweifellos wollte sie immer beides, Beruf und Familie. Und sie zeigte von Anfang an, daß sie die daraus erwachsende Doppelrolle nur für eine Sache guter oder schlechter Organisation hielt. Nicht nur aus finanziellen Gründen war der Zuschnitt des gemeinsamen Haushalts mit Pierre Curie eher spartanisch. Die

Wohnungseinrichtung beschränkte sich auf das Nötigste, und die häusliche Lebensführung war bescheiden bis asketisch. Marie Curie reduzierte alles Überflüssige auf ein Minimum. Weder sie noch ihr Mann hatten ein Bedürfnis oder den Wunsch nach Besitz, Genuß und Luxus. Sie gaben wenig aus, führten ein anspruchsloses Leben, aßen einfach und kleideten sich ebenso. Am wohlsten fühlte sich Marie Curie offenbar in ihrem unkleidsamen Laborkittel, und sicher hat ihr Äußeres, das später auf vielen Photos durch die Weltpresse ging, dazu beigetragen, das Bild vom entsagungsreichen Dienst an der Menschheit nachhaltig zu prägen. Selbst als sie zu Ruhm und Ehren gekommen war und sich aufwendigere Garderobe leisten konnte, verschmähte sie alles Modische. Ihre Tochter Eve Curie beschrieb in ihrer Biographie das dürftige Abendkleid, das Marie Curie jahraus, jahrein zu allen offiziellen Anlässen trug: »Eine Modedame würde sie bemitleiden, doch Marie hat keine Ahnung, was man trägt, und keinen Geschmack.«[4]

Nicht nur der Mode, auch der Haushaltskunst konnte Marie Curie ihr Leben lang nicht den geringsten Wert abgewinnen, und sie gab das auch offen zu. Kein Wunder also, daß das Zentrum ihres eigentlichen Lebens schon bald nach der Heirat im Labor der Fachhochschule für Physik und Chemie lag, wo sie unmittelbar nach ihrer Eheschließung zusammen mit ihrem Mann arbeiten durfte. Offenbar dachte Pierre Curie nicht anders; zumindest schickte er sich willig in den wohl von Marie bestimmten, wenig komfortablen Lebensstil.

Den ersten Einbruch in ihre Lebensgewohnheiten, das heißt im Grunde in ihr fortgesetztes Studentenleben, erfuhr Marie Curie nach einjähriger Ehe, als sie ein Kind erwartete. Ihre Schwangerschaft war anstrengend und schwierig, und sie ärgerte sich unaufhörlich über die Übelkeit, die sie nicht selten an der Arbeit im Labor hinderte. Die Geburt ihrer Tochter Irène am 12. September 1897 ebenso wie die Geburt der zweiten Tochter, Eve, am 6. Dezember 1904, sieben Jahre später, änderte allerdings wenig an Marie Curies gewohntem Tagesablauf: Sie kehrte, sobald es nach der erzwungenen Ruhe des Wochenbetts möglich war, selbstverständlich ins Labor zurück. Auch als junge Mutter ging sie leidenschaftlich in ihrer Arbeit auf, und ohne diese galt ihr das Leben nichts. Immerhin war sie in der glücklichen Situation, nicht einmal ein Kindermädchen zu benötigen, weil ihr inzwischen verwitweter Schwiegervater einsprang und anstelle der häufig abwesenden Mutter die neuen Familienpflichten übernahm, bis später ein Dienstmädchen angestellt werden konnte.

Trotz der familiären Unterstützung wurde Marie Curies Leben als Mutter eines Säuglings natürlich nicht leichter. Damals schienen die Probleme, denen eine arbeitende Mutter mit einem kleinen Kind gegenüberstand, fast unüberwindlich. Nur ganz wenige weibliche Laborphysiker hatten ihre Karriere nach dem ersten Examen fortgesetzt, die meisten heirateten und gaben die Wissenschaft auf. Selbst in der liberalen Atmosphäre Frankreichs wurde es als außergewöhnlich, wenn nicht gar als verantwortungslos angesehen, wenn eine junge Mutter sich in dieser Weise nur wenige Wochen nach der Geburt betätigte. Da Marie Curie völlig isoliert lebte und keinerlei gesellschaftlichen Umgang hatte, war ihr wohl kaum bewußt, welche Herausforderung es für ihre Umgebung bedeutet, daß sie auch als Mutter weiter an eine wissenschaftliche Karriere, sogar an eine Promotion dachte. Nicht einmal unter den unverheirateten Frauen gab es zu dieser Zeit ein Pendant, auch nicht außerhalb Frankreichs.

Marie Curies unbezahlte Doppelarbeit in Familie und Wissenschaft dauerte neun lange Jahre, bis sie ihr, nach dem Nobelpreis mit Pierre Curie, die ersten, halbwegs angemessenen beruflichen Früchte einbrachte – in Form einer eigenen Anstellung als Leiterin in Pierre Curies neuem Labor an der Sorbonne – und sich die langjährigen Investitionen an wissenschaftlicher Arbeit endlich auch in einem monatlichen Gehalt niederschlugen. Bis zu diesem Zeitpunkt im Jahre 1904 war Marie Curie – inzwischen immerhin 37 Jahre alt, seit 9 Jahren verheiratet und Mutter zweier Töchter – im Grunde nichts anderes gewesen als eine bemerkenswert fleißige, nicht mehr ganz junge Doktorandin, die hingebungsvoll im Labor an ihrer experimentellen Dis-

Marie Curie mit ihren Töchtern Irène und Eve

sertation arbeitete. Ihr einziger Lohn war – abgesehen von ihrer eigenen Befriedigung durch diese Arbeit – die wachsende Anerkennung ihrer Fachkollegen gewesen.

Ihre Tätigkeit und spätere Nebentätigkeit als Physiklehrerin an der Mädchenoberschule in Sèvres bei Paris, vom Jahre 1900 bis zum Tod ihres Mannes, betrachtete Marie Curie bei allem pädagogischen Einsatz als vorübergehende Lösung. Sie war eher ein notwendiges Zubrot zum knappen Familienetat als ein angestrebter Beruf, wenn Marie Curie auch zu Beginn ihres Studiums einmal hatte Lehrerin werden wollen. Die Ausgaben der wachsenden Familie überschritten immer mehr Pierres Gehalt, mit dem bisher der Haushalt allein bestritten worden war, und es erwies sich als unumgänglich, zusätzliche finanzielle Quellen zu erschließen.

Natürlich leistete Marie Curie auch im Physiksaal der Schule von Sèvres gute Arbeit. Sie brachte ihre Erfahrungen in der experimentellen Physik in den Unterricht ein und machte praktische Kurse zum Bestandteil des Lehrplans, was damals sehr fortschrittlich war. Bevor sie kam, hatten die Schülerinnen lediglich nach Büchern gelernt und nie experimentell gearbeitet.

Daß Marie Curie ihre Doppelaufgabe, häusliche Verpflichtungen und ausgedehnte wissenschaftliche Arbeit im Labor, überhaupt bewältigte, lag nicht nur daran, daß sie ihr privates Leben auf ein Minimum beschränkte und lange Jahre fast ganz auf Freizeit und Urlaub verzichtete. Sie mied auch alle kulturellen Veranstaltungen und jede Form von Gastlichkeit. Sie und ihr Mann lebten wie losgelöst von dieser Welt: selbstgenügsam und vollkommen zurückgezogen, im Elfenbeinturm ihrer wissenschaftlichen Interessen. Spärliche private Kontakte gab es allenfalls als Verlängerung ihrer Arbeit im Labor – mit Kollegen aus demselben Fachbereich, mit denen man sich über die anstehenden wissenschaftlichen Fragen unterhalten konnte. Ihr eigentliches Leben führten Marie und Pierre Curie vor den Apparaten ihres Laboratoriums. Beide waren das, was man nach heutigem Sprachgebrauch »workoholics« nennen würde – besessen von ihrer Arbeit und bereit, dieser Arbeit alles andere unterzuordnen, bis hin zu den elementarsten Lebensbedürfnissen.

Ganz immun gegen die traditionelle weibliche Rolle und die damit verbundenen gesellschaftlichen Erwartungen scheint Marie Curie allerdings nicht gewesen zu sein. Ihre Tochter Eve beschreibt übertriebene Reaktionen der Hausfrau Marie Curie, die auf ein schlechtes Gewissen schließen lassen: »Wenn sich das Unwahrscheinliche ereignete, daß die Curies einige Leute einladen, macht Marie große Anstrengungen, ein tadelloses Essen und eine behagliche Atmosphäre zu schaffen. Sie besorgt selbst alle Einkäufe, und während sie mit dem Ordnen der Blumen beschäftigt ist, bereitet das aufgeregte Mädchen das Essen. Die einfachste Gesellschaft stürzt die stille Behausung in einen wahren Wirbel, kein Möbel bleibt an seinem Platz stehen.«[5]

Das Bild, das Eve Curie von ihrer Mutter vermittelt, zeigt eine rührend um das Wohl der Kleinen bemühte Frau, die sich offenbar vor allem von ihrer ältesten, der Mutter im Charakter anscheinend sehr ähnlichen Tochter, Irène, regelrecht vereinnahmen läßt: »Selbst in den Zeiten angestrengtester Arbeit findet Marie Muße, sich den Kindern zu widmen. Durch ihren Beruf ist sie genötigt, sie den Dienstmädchen anzuvertrauen; wenn sie sich aber nicht selbst überzeugt hat, daß kein Schnupfen, kein anderes Übel in ihnen steckt, hat sie keine Ruhe. Wäre sie auch weniger aufmerksam, so würde Irène schon dafür sorgen, sich in Erinnerung zu bringen! Sie ist eine rechte kleine Despotin. Eifersüchtig nimmt sie ihre Mutter in Beschlag und läßt es nur höchst ungern zu, daß sie sich mit der ›Kleinen‹ befaßt. Während des Winters fährt Marie kreuz und quer durch Paris, um Renetteäpfel oder Bananen aufzutreiben, die Irène gnädig zu essen geruht.«[6]

Marie Curies außerordentliche Fürsorge für ihre Töchter zeigte sich auch in bezug auf ihre schulische Erziehung. Als ihre Älteste die Grundschule absolviert hatte und ins Gymnasium kommen sollte, setzte sich Marie Curie dafür ein, daß die Mädchen fortan nach ihren Vorstellungen unterrichtet wurden. Zusammen mit Universitätskollegen, die ebenfalls Kinder hatten, bildete sie eine Art Unterrichtsgemeinschaft für zehn Kinder: Bedeutende Professoren teilten sich in die Aufgabe, die eigenen Kinder nach modernen Prinzipien zu unterrichten. Auf diese

Weise lernten die Kinder zwei Jahre lang Physik, Chemie und Mathematik auf Universitätsebene. Wegen der Arbeitsüberlastung ihrer Eltern mußten sie danach wieder Regelschulen besuchen.

Nicht zuletzt dieser konzentrierte Unterricht unterstützte Marie Curie darin, besonders ihrer ältesten Tochter eine wissenschaftliche Grundlage und Leistungsmotivation ersten Ranges zu geben. Irène dankte es ihr, indem sie in ihre Fußstapfen trat und das Lebenswerk der Mutter bis hin zu einem eigenen Nobelpreis bravourös fortsetzte.

Die sieben Jahre jüngere Tochter, Eve, charakterlich der Mutter weniger ähnlich, gab allerdings offen zu, daß sie als Kind unter der emotionalen Kälte ihrer Mutter gelitten habe. Eve bemühte sich zwar, die Mutter auch als liebevoll und sanft zu schildern, andererseits hatte sie sie als eine Frau erlebt, »die uns mit voller Absicht daran gewöhnt hatte, nicht zärtlich zu sein«.[7] Eve Curie gab unumwunden zu: »Trotz aller Bemühungen meiner Mutter war meine Kindheit nicht glücklich.«[8]

Festzustehen scheint, daß für Marie Curie zumindest nach Pierres Tod – ihre Töchter waren zu diesem Zeitpunkt 9 und 2 Jahre alt – das Personal im Labor immer mehr zum Ersatz für die eigene Familie wurde, von der sie allzu oft abwesend war. Sie übertrug ihre Mutterrolle auf den kleinen Kreis von Schülern, der sich um sie scharte. Für die jungen Leute, die in ihrem Labor arbeiteten, war sie eine Art Muttergestalt. Manche von ihnen sahen später auf diese Zeit als die glücklichste und produktivste in ihrem Leben zurück. Alllerdings kamen nicht alle jungen Mitarbeiter mit Marie Curies Art zurecht; viele hatten Probleme mit ihrer männlichen Härte.

Wie glücklich Pierre Curie in seiner elfjährigen Ehe mit seiner Frau war, läßt sich nicht ausmachen. Das überlieferte historische Bild von der idealen Gemeinschaft zweier liebender Gefährten, ebenso harmonisch verbunden durch die Lebensarbeit im Labor wie durch das Familienleben, wirkt zumindest leicht geschönt. Die Außenwelt hat jedenfalls kaum etwas mitbekommen von den Belastungen, denen das Zusammenleben der beiden vermutlich ausgesetzt war.

Die Probleme für Pierre Curie dürften dabei weniger in der Doppelrolle seiner Frau und ihrer damit verbundenen ständigen Arbeitsüberlastung gelegen haben als in ihrer vermutlich geringen Bereitschaft und Fähigkeit zum emotionalen Spannungsausgleich, den er aufgrund seines mangelnden Selbstbewußtseins und der vielen Karrierehemmnisse auf seinem Berufsweg sicher gebraucht hätte. Hinzu kamen in den letzten Jahren sein stark angegriffener Gesundheitszustand und das daraus folgende Energiegefälle zwischen ihm und seiner Frau, das ihre Zusammenarbeit im Labor und den häuslichen Frieden gewiß nicht positiv beeinflußte. Zweifellos hatte Pierre Curie eine Frau gewollt, die ihm in seiner Wissenschaft ebenbürtig war. Wie er im Alltag mit dieser Frau fertig wurde, blieb letztlich der Öffentlichkeit verborgen.

Das Vermächtnis

Als Marie Curie an einem Donnerstag im April 1906 abends aus dem Labor nach Hause kam, wartete eine schreckliche Nachricht auf sie: Ihr Mann war am Vormittag dieses Regentages auf dem Weg vom Büro seines Verlegers zu einer Sitzung der Akademie beim Überqueren einer Straße tödlich verunglückt. Das Hinterrad eines schweren zweispännigen Pferdelastwagens hatte ihn überrollt und seinen Kopf zermalmt. Er war sofort tot gewesen.

Marie Curie, zu diesem Zeitpunkt 38 Jahre alt, war in keiner Weise auf einen solchen Schicksalsschlag vorbereitet, auch wenn ihr Mann eine Reihe von Jahren älter war und seit langem häufig kränkelte. Sie, die von nun an in den Boulevardzeitungen »die berühmte Witwe« genannt werden sollte, hatte bis dahin wohl nie daran gedacht, daß ihre Ehe so plötzlich ein Ende nehmen könnte. Und es war ja nicht nur ihre Ehe, die an diesem 19. April 1906 so abrupt endete – auch die langjährige, erfolgreiche Zusammenarbeit zweier Wissenschaftler, die sich einer gemeinsamen Aufgabe verschrieben hatten, gab es plötzlich nicht mehr.

Von Marie Curies Kummer und Verzweiflung zeugt ihr Tagebuch, das sie nach dem Tod ihres Mannes begann und in dem sie lange Zeit einseitig Zwiesprache mit ihm hielt. Später half sie sich, indem sie die Erinnerung – zumindest verbal – einfach verdrängte. Ihre Tochter Eve hat den tiefen Schmerz ihrer Mutter geschildert und auch deren Bemühen, es in späteren Jahren überhaupt zu vermeiden, von Pierre Curie zu sprechen:

»Niemals spricht sie mit den Kindern von ihrem Vater, was ihr auch rein physisch eine Unmöglichkeit ist. Bis ans Ende ihrer Tage wird es ihr die größte Schwierigkeit bereiten, seinen Namen auszusprechen, ›dein Vater‹ oder ›mein Mann‹ zu sagen. Sie führt die kunstvollsten Manöver aus, um im Gespräch die gefährlichen Klippen der Erinnerung zu umgehen.«[9]

Rein äußerlich allerdings hatte sich Marie Curie nach einigen Tagen, in denen sie wie eine Traumwandlerin umherlief, bald wieder in der Gewalt. Zumindest was die Wissenschaft betraf, konnte sie sehr schnell wieder klar denken. So lehnte sie eine von der Regierung vorgeschlagene Ehrenpension, die ihren Status als »berühmte Witwe« zementiert, sie aber zugleich zur wissenschaftlichen Inaktivität verdammt hätte, mit aller Bestimmtheit ab. Die Kultusbehörde reagierte auf diese Abfuhr erstaunlich flexibel. Es kam bald eine bessere Offerte: Knapp einen Monat nach dem tragischen Unfall bot man ihr Pierre Curies Nachfolge an. Wenige Tage später, am 13. Mai 1906, nahm sie die Stelle einer außerordentlichen Professorin an der Sorbonne an. Sie war damit die erste Frau, die dort einen Lehrauftrag erhielt. Ein spektakuläres Ereignis! Allerdings sollte es noch zwei weitere Jahre dauern, bis Marie Curie zur ordentlichen Professorin an der Sorbonne berufen wurde. Erst im Jahre 1908 erhielt sie den Lehrstuhl zuerkannt, an dem sie bis dahin lediglich einen Lehrauftrag wahrnahm.

Der Tod ihres Mannes und das Vermächtnis seiner Arbeit in Forschung und Lehre verstärkten in Marie Curie die Neigung, in der Wissenschaft die bestimmende Aufgabe und Verpflichtung ihres Lebens zu sehen. Ihr Wesen hatte nach dem großen Verlust den letzten Rest Heiterkeit eingebüßt, und sie widmete sich fortan mit noch tieferer Leidenschaft, noch ausschließlicher der Forschung.

Am 5. November 1906 hielt Marie Curie ihre vielbeachtete Antrittsvorlesung an der Sorbonne. An dem Katheder, an dem noch wenige Monate zuvor Pierre Curie gelesen hatte, stand an diesem Tag eine schmale, blasse Frau. Ihr Gesicht war grau, maskenhaft und starr und ihre Haltung schüchtern. Sie hatte keinen Blick für ihre Hörer und kein einleitendes Wort für ihr Publikum. Ihre Stimme klang ruhig, nüchtern und kühl, und sie sprach ohne jedes Pathos. Sie nahm das Thema der Ionentheorie der Gase und der Radioaktivität an eben der Stelle wieder auf, wo Pierre Curie vor gut einem halben Jahr aufgehört hatte. Jedes Experiment, das sie vorführte, betrachtete sie mit einem Interesse, als kenne sie das Resultat noch nicht.

Von Stund an teilte Marie Curie ihre Zeit zwischen den Vorlesungen an der Sorbonne und ihrer Forschungsarbeit im Labor.

Sie hatte Mühe, der auf sie einstürzenden Arbeitsflut Herr zu werden. Sie war fast den ganzen Tag außer Haus und überließ die Erziehung ihrer beiden Töchter beinahe ganz dem bei ihr lebenden Schwiegervater, Dr. Eugène Curie. Neben der ernsten, von ihrer wissenschaftlichen Arbeit völlig absorbierten Mutter wäre die Kindheit von Irène und Eve Curie wohl dunkel und trübsinnig verlaufen, hätte es diesen Großvater nicht gegeben und hätte sein heiteres, aufgeschlossenes Wesen nicht für den erforderlichen Ausgleich gesorgt. Nach seinem Tod, im Jahre 1910, übernahm eine Kinderfrau die Aufsicht über die beiden Mädchen. Marie Curie änderte – auch als sie ganz ohne familiäre Hilfe dastand – ihren von Forschung und Lehre bestimmten Arbeitsrhythmus nicht.

In den Nachtstunden ging Marie Curie daran, den Nachlaß ihres Mannes zu ordnen, seine verstreuten Schriften und Abhandlungen zu sammeln und sein wissenschaftliches Lebenswerk in einem Band zusammenzufassen. 1908 erschien unter dem Titel »Pierre Curie« eine Sammlung seiner Forschungsergebnisse, herausgegeben von seiner Frau.

Als Marie Curie das Labor nach dem Tod ihres Mannes übernahm, wurde es nicht etwa verkleinert. Es kamen immer mehr neue Mitarbeiter dazu, darunter viele Stipendiaten aus dem Ausland. Die in gemeinsamer Arbeit mit ihrem Mann erzielten früheren Forschungsergebnisse baute Marie Curie nun ständig weiter aus. Die unter ihrer Leitung durchgeführten Arbeiten betrafen weiterhin die verschiedensten Probleme der Radioaktivität. So wurden die Radioaktivität verschiedener Mineralien und chemischer Verbindungen, wie schon früher, untersucht und genaue Methoden zur Abtrennung bestimmter radioaktiver Substanzen entwickelt. Viel Anstrengung wurde auf die Abtrennung und Reindarstellung der Radiumemanation, des später so bezeichneten Edelgases Radon, verwendet. Schließlich gelang es, die Größe des Radiumanteils in bestimmten Stoffen durch die Messung bestimmter Mengen der Emanation genau zu bestimmen. Denn auch die empfindlichste Präzisionswaage war nicht in der Lage gewesen, die tausendstel Milligramm Radium, um die es jeweils ging, zu erfassen. Man mußte hier andere Wege gehen. Marie Curie und ihren Mitarbeitern gelang es, die Ionisation der Luft zu messen, das heißt die radioaktiven Stoffe mit Hilfe der von ihnen ausgesandten Strahlen zu »wiegen«. Auf dieser Grundlage wurde es möglich, im Curieschen Laboratorium eine spezielle Abteilung für Messungen einzurichten. Dort konnten Interessenten von außerhalb den Gehalt von Radium in aktiven Salzen oder Erzen prüfen lassen; sie erhielten dann ein amtliches Zeugnis über die eingereichten Proben.

Marie Curie hatte mit dieser Einrichtung eine wichtige Bedarfslücke geschlossen: Für jeden Forscher, der Messungen mit Radium durchführte oder in anderer Form damit arbeitete, war es von entscheidender Bedeutung, die Reinheit und Menge des Radiums zu kennen, mit dem er hantierte. Auch Krankenhäuser, die Radium gegen Krebs einsetzten, konnten nur behandeln, wenn sie die Radiummengen, die sie den Tumoren zuführten, annähernd genau kannten.

Aufgrund ihrer Erfahrung im Messen von Radium wurde Marie Curie von einer internationalen Kommission mit der ehrenvollen Aufgabe betraut, den ersten internationalen Standard für Radium zu erarbeiten. Sie hatte dabei manchen Neider. Im Jahre 1911 war es soweit: Eine dünne Röhre von ein paar Zentimetern Länge, die das reine Salz einschloß, wurde im Internationalen Büro für Maße und Gewichte in der Nähe von Paris hinterlegt.

Viele Jahrzehnte lang galt das »Curie« im geschäftlichen und amtlichen Verkehr als die maßgebliche Einheit der Aktivität eines radioaktiven Strahlers. Ein Curie entsprach $3{,}700 \times 10^{10}$ Zerfallsakten pro Sekunde, also der Aktivität derjenigen Menge einer radioaktiven Substanz der Radiumzerfallsreihe, bei der in einer Sekunde die gleiche Anzahl von Zerfallsakten stattfindet wie in einem Gramm Radium.

Von 1906 bis 1910 veröffentlichte die Forschungsgruppe unter Marie Curie 69 Arbeiten. Meist hatte Marie Curie selbst die Themen angeregt und die Arbeiten überwacht. Die Folge waren eine breite internationale Anerkennung und zahlreiche Ehrungen, Auszeichnungen und Ehrendoktorate in Europa und Übersee. Auch in Frankreich wuchs Marie Curies Popularität. 1910

Marie Curie nach dem Tod ihres Mannes

wollte man ihr das Offizierskreuz der Ehrenlegion verleihen. Sie lehnte ab. Mehr Interesse hätte sie dagegen an einer Aufnahme in die Akademie der Wissenschaft gehabt. Ihre Kandidatur scheiterte knapp.

Im Dezember 1911 kam dann der zweite Nobelpreis. Bei ihrem Vortrag in Stockholm versäumte es Marie Curie nicht, an die Verdienste ihres Mannes zu erinnern:

»Es liegt mir daran, ehe ich mich dem Thema meines Vortrags zuwende, Ihnen in Erinnerung zu rufen, daß das Radium und das Polonium von Pierre Curie in Zusammenarbeit mit mir entdeckt wurde. Wir verdanken Pierre Curie auch die grundlegenden Untersuchungen auf dem Gebiet der Radioaktivität, die er teils allein, teils in Zusammenarbeit mit mir, teils auch in Zusammenarbeit mit seinen Schülern durchgeführt hat.

Die chemische Arbeit, die zum Ziel hatte, das Radium im Zustand eines reinen Salzes isoliert darzustellen und als ein neues Element zu bestimmen, ist im besonderen von mir durchgeführt worden, ist aber untrennbar mit der gemeinsamen Arbeit verbunden. Ich glaube also, die Absicht der Akademie der Wissenschaften richtig auszulegen, wenn ich annehme, daß die hohe Auszeichnung, deren ich teilhaftig werde, dieser gemeinsamen Arbeit gilt und so eine Ehrung des Andenkens Pierre Curies darstellt.«[10]

Das Jahr 1911 brachte noch andere positive Ereignisse. Es wurde mit dem Bau des neuen Pariser Radiuminstituts begonnen, das Sorbonne und Pasteur-Institut gemeinsam finanzierten. Zur gleichen Zeit warb Marie Curies Heimatstadt Warschau um die Rückkehr der Wissenschaftlerin nach Polen und trug ihr die Leitung des dortigen neuen Laboratoriums für radioaktive Forschung an. Die Versuchung für Marie Curie, diese Offerte anzunehmen, war groß. Nach langer Bedenkzeit entschied sie sich, trotz aller inzwischen aufgetretenen persönlichen Widrigkeiten in Frankreich zu bleiben.

Im Juli 1914 war dann der Bau des Curie-Laboratoriums in Paris glücklich beendet. Noch bevor das Institut seiner Bestimmung übergeben werden und Marie Curie an ihre neue Wirkungsstätte umziehen konnte, brach der 1. Weltkrieg aus. Mit der Forschung war es damit aus Personal- und Finanzgründen fürs erste vorbei. Erst vier Jahre später sollte Marie Curie in der Lage sein, ihr modernes Labor zu nutzen.

Wie schon erwähnt, blieb Marie Curie allerdings im Krieg nicht untätig. Zunächst brachte sie ihr inzwischen erstelltes, kostbares Gramm Radium persönlich in einem Banktresor im weit von den Kampfhandlungen entfernten Bordeaux in Sicherheit. Dann engagierte sie sich tatkräftig im Sanitätsdienst der französischen Truppen. Mit Hilfe von privaten Spenden organisierte sie erstmals für französische Lazarette einen fahrbaren Röntgendienst. Sie beschaffte Apparate, bildete das Personal aus und ermöglichte es, daß in 20 fahrbaren Ambulatorien und 200 Röntgenstationen im Laufe des Krieges über eine Million verwundeter Soldaten mit Hilfe von Röntgenstrahlen auf metallische Geschosse hin untersucht werden konnten. Zusammen mit ihrer inzwischen fast erwachsenen Tochter Irène fuhr sie selbst ständig an die Front und erwarb sich große Sympathien wegen ihres unermüdlichen Einsatzes.

Die Romanze

Als ihr Mann starb, war Marie Curie noch keine 39 Jahre alt. Mit ihren hochgeschlossenen, dunklen Kleidern, dem streng frisierten, grauen Haar und dem schmalen, verschlossenen Gesicht wirkt sie auf Photographien aus dieser Zeit wie der Prototyp einer Witwe und noch um einiges älter. Ihr Äußeres war ihr offenbar gleichgültiger denn je. Wichtig in ihrem Leben schien neben der Erziehung ihrer Töchter nur noch ihre Arbeit zu sein.

Ein paar Jahre später sieht man auf Bildern, zumindest eine Zeitlang, eine völlig veränderte – nämlich heiter und feminin wirkende – Marie Curie. Marguerite Borel, die Tochter des Mathematikers Paul Appell und Frau des Mathematikers Emile Borel, damals halb so alt wie Marie Curie, hat diesen Wandel beschrieben. Bei einem gemeinsamen privaten Abendessen mit Kollegen der naturwissenschaftlichen Fakultät und ihren Frauen, an dem auch Marie Curie teilnahm, bemerkte sie mit typisch weiblichem Blick die ersten Anzeichen: Es trat eine verjüngte Marie Curie ein, »in einem weißen Kleid, mit einer Rose am Gürtel. Sie setzte sich, so schweigsam wie immer, aber irgend etwas an ihr war ein Zeichen der Auferstehung, wie Frühling nach der Erstarrung des Winters, es bekundete sich plötzlich durch diese kleinen Details«.[11]

Am Rande einer wissenschaftlichen Konferenz in Genua gab Marie Curie der so viel jüngeren Marguerite Borel kurz darauf ihr Interesse an einem gemeinsamen Bekannten zu erkennen, das diesen Wandel offenbar bewirkt hatte. Wie Marguerite Borel längst vermutet hatte, handelte es sich dabei um den Physiker Paul Langevin.

Paul Langevin war ein alter Bekannter von Marie Curie. Sie hatte den fünf Jahre jüngeren Mann bereits als Studenten kennengelernt. Er war zunächst Schüler und dann Mitarbeiter ihres Mannes gewesen. Als Pierre Curie 1905 von der Hochschule für Physik und Chemie an die Sorbonne ging, übernahm Paul

Marie Curie, Birmingham 1913

Langevin seine alte Stelle. Um sein Einkommen aufzubessern, unterrichtete Langevin lange Zeit an derselben Mädchenoberschule in Sèvres, an der auch Marie Curie als Teilzeitlehrerin arbeitete. Als Marie Curie ihre Dissertation verteidigte, befand sich Langevin unter den Zuhörern, und als sie ihre Promotion feierte, auch unter den Gästen. Später gehörte er zu den Freunden von der Sorbonne, mit denen zusammen Marie Curie einen Lehrplan zum Privat-Unterricht für die eigenen Kinder entwarf und gut zwei Jahre lang wechselseitig durchhielt.

Paul Langevin war ein blendend aussehender junger Mann, der die Frauen mit seinem Charme bezauberte. Er kam aus einfachen Verhältnissen und hatte trotz seiner hohen Intelligenz hart kämpfen müssen, um eine wissenschaftliche Ausbildung zu erhalten. Wie die meisten jungen Intellektuellen seiner Epoche tendierte er politisch weit nach links.

Als Physiker war Langevin brillant. Nach ersten wissenschaftlichen Gehversuchen bei Pierre Curie erhielt Langevin 1897 als erster Ausländer ein Forschungsstipendium am noblen Cavendish-Laboratorium in Cambridge / England. Dort arbeitete er erfolgreich neben Ernest Rutherford an Problemen aus dem Umkreis der gerade entdeckten Röntgenstrahlen. Wieder in Paris, schrieb er eine Arbeit über die Theorie des Magnetismus, die in glänzender Weise Pierre Curies frühe Arbeiten fortsetzte.

Paul Langevin hatte einen sicheren Blick für zukunftsträchtige neue Entwicklungen in der Physik. Bereits im Jahre 1911 erkannte er die Konsequenzen aus der speziellen Relativitätstheorie und gehörte bald zu Albert Einsteins wichtigsten Fürsprechern in Frankreich.

Albert Einstein, mit dem Langevin in der Folge viele Jahre lang eine allen internationalen Feindseligkeiten und antideutschen Gefühlen in Frankreich trotzende Freundschaft verband, hielt große Stücke auf den sieben Jahre älteren französischen Kollegen. Er schrieb 1947 in seinem Nachruf auf den kurz zuvor gestorbenen Freund: »Langevin war von ungewöhnlicher Klarheit und Beweglichkeit im wissenschaftlichen Denken, dabei mit einem sicheren, intuitiven Blick für das Wesentliche begabt [...]

Marie Curie

Es erscheint mir sicher, daß er die spezielle Relativitätstheorie entwickelt hätte, wenn es nicht anderwärts geschehen wäre; denn er hatte die wesentlichen Gesichtspunkte deutlich erkannt.«[12]

Als Marie Curie und Paul Langevin ihre alte Bekanntschaft zu vertiefen begannen und in engeren Kontakt kamen, waren sie beide ohne Partner und einsam. Marie Curie, seit mehr als vier Jahren verwitwet, lebte ganz ihrer Arbeit; Paul Langevin war kurz zuvor seiner unglücklichen Ehe und dem Haushalt mit vier kleinen Kindern plus Schwiegermutter entflohen und in ein Appartement in der Nähe der Hochschule für Physik und Chemie gezogen. Anlaß zum Bruch mit seiner Familie waren angeblich die ständigen Vorwürfe seiner Frau gewesen, daß er immer wieder zugunsten der Universität finanziell attraktivere Offerten der Industrie ausschlug.

Paul Langevin, jünger, sprühender und beweglicher als es Pierre Curie je gewesen war, dabei weit gereist, vielseitig interessiert und letztlich von kaum geringerer wissenschaftlicher Brillanz als sein ehemaliger Lehrer, verstand es offenbar, auch Marie Curie zu bezaubern. Für sie, die Frau in mittleren Jahren und äußerlich bereits an der Schwelle zum Alter, muß Paul Langevin die Inkarnation der Jugend gewesen sein. Nicht nur seine äußere Erscheinung und sein jungenhaftes Wesen, auch sein wissenschaftliches Denken waren so ganz anders, als sie es von den Männern in ihrer Umgebung gewohnt war. Bisher hatte sie es meist mit erheblich älteren Männern zu tun gehabt. Intellektuelles Vorbild war einst ihr Vater gewesen, später dann ihr ein knappes Jahrzehnt älterer Mann. Auch die Wissenschaftler, zu denen sie nach dem Tod Pierre Curies Kontakt fand, wie z. B. der holländische Tieftemperatur-Physiker, Heike Kamerlingh Onnes, waren meist berühmte, aber alte Männer. Nun sah sich Marie Curie plötzlich mehr als nur freundschaftlich verbunden mit einem Physiker der neuen Generation, der mit den letzten internationalen Entwicklungen Schritt hielt und mit seinen Vorlesungen ein paar Jahre später die nachfolgende Generation theoretischer Physiker in Frankreich prägen sollte.

Über Paul Langevin fand Marie Curie nicht nur Anschluß an neueste physikalische Entwicklungen, die gerade im Entstehen waren, durch ihn erhielt sie auch den Anstoß, längst verschüttete andere Neigungen und Interessen bei sich selbst wiederzuentdecken. Plötzlich war ihr politisches Engagement wieder da, ihre Liebe zu Literatur und Musik und sogar die Freude an gutem Essen. Nach all den Jahren der Isolation und Entbehrung fand sich Marie Curie nun in einer neuen, geradezu idealen privaten Sphäre, die sie dankbar annahm.

Natürlich blieb es der Umgebung nicht lange verborgen, als Marie Curie und Paul Langevin ihre Freundschaft intensivierten. Marie Curie gewöhnte sich an, den Freund in seiner Wohnung gegenüber der Hochschule für Physik und Chemie zu besuchen. Diese lag nur zehn Minuten von ihrem Labor entfernt. Das Kommen und Gehen der prominenten Besucherin wurde dabei aus vielen Augen argwöhnisch beobachtet, zumal ihr Verhalten absolut nicht dem Moralkodex der Zeit entsprach. Marie Curie selbst war sich offenbar keines Unrechts bewußt. Sie nahm wohl an, daß sie ein privates Verhältnis mit Langevin haben konnte, ohne daß irgend jemand daran Anstoß nahm, zumal nicht nur Langevin, sondern auch seine Frau bereits die Scheidung erwogen.

So hätte die Beziehung zwischen ihr und Paul Langevin sicher fortgedauert, wenn nicht ein Ereignis plötzlich in Marie Curies Leben für neuerliche, breite Publizität gesorgt hätte: Sie war als erste Frau zur Aufnahme in die französische Akademie der Wissenschaften vorgeschlagen worden. Ihr Entschluß, tatsächlich für den frei gewordenen Sitz gegen zwei männliche Mitbewerber zu kandidieren, rief eine beispiellose Pressekampagne hervor, in der sie nicht nur von seiten liberaler, feministischer und antiklerikaler Kreise Sympathie erfuhr, sondern auch aus den Reihen der Nationalisten, Katholiken und Antisemiten viel Haß und Feindseligkeit zu spüren bekam. Bei der Wahl für den Akademiesitz im Januar 1911 unterlag Marie Curie mit einer einzigen fehlenden Stimme. Sie erholte sich angeblich nie von dieser Niederlage.

Schlimmer noch war für Marie Curie, daß sie der Wirbel in der Akademie erneut ins Rampenlicht der Öffentlichkeit gestellt hatte. Und das konnte sie gerade zu diesem Zeitpunkt am wenig-

Paul Langevin

sten gebrauchen. Es hatte sich nämlich herausgestellt, daß einige ihrer Briefe an Paul Langevin aus dessen Schreibtisch gestohlen worden waren. Frau Langevin war es gewesen, die die prekären Schriftstücke entwendet hatte und mit ihrer Hilfe versuchte, ein gerichtliches Trennungsurteil von ihrem Mann zu erwirken. Die Veröffentlichung dieser Briefe in der Regenbogenpresse versprach einen sensationellen Skandal. Die Bombe platzte erst, als Marie Curie wohl schon dachte, die gefährliche Situation habe sich entspannt: Am 4. November 1911 erschienen die ersten Schlagzeilen in der französischen Boulevard-Presse, die sie und Paul Langevin offiziell zum Liebespaar erklärten und ihr Ehebruch vorwarfen. Wenig später wurden Marie Curies verräterische Briefe, die Langevins Frau den Journalisten zur Verfügung gestellt hatte, abgedruckt. Marie Curie und Paul Langevin nahmen zu dieser Zeit neben anderen prominenten Naturwissenschaftlern gemeinsam am ersten der berühmten Solvay-Kongresse in Brüssel teil. Auch dieser Umstand wurde ihnen zum Vorwurf gemacht und als gemeinsames Verschwinden kolportiert.

Albert Einstein allerdings, der gleichfalls auf dem Solvay-Kongreß war, hatte einen gänzlich anderen Eindruck, den er kurz darauf in einem Brief an seinen Freund Professor Heinrich Zangger beschrieb: »Die in den Zeitungen kolportierte Schauergeschichte ist Unsinn. Daß Langevin sich scheiden lassen will, ist schon länger bekannt. Wenn er Frau Curie liebt und sie ihn, dann brauchen sie nicht durchzugehen, weil sie in Paris Gelegenheit genug haben, einander zu treffen. Ich habe aber gar nicht den Eindruck, daß zwischen ihnen etwas Besonderes schwebte, sondern sie in harmloser Vergnüglichkeit angetroffen. Ich glaube auch nicht, daß Frau Curie herrschsüchtig oder sonst süchtig ist. Sie ist eine schlichte, ehrliche Person, der ihre Pflichten und Lasten fast über den Kopf wachsen. Sie hat eine sprühende Intelligenz, ist aber trotz ihrer Leidenschaftlichkeit nicht anziehend genug, um jemandem gefährlich zu werden.«[13]

Nicht alle hatten eine solch freundliche Meinung von Marie Curie. Sie selbst trat zunächst allen Anschuldigungen energisch entgegen, aber selbst die unmittelbar darauf folgende

Nachricht, daß ihr ein zweiter Nobelpreis zuerkannt worden war, lenkte nicht von ihrer offensichtlich viel interessanteren privaten Affäre ab. Marie Curie durchlebte vier Wochen in schlimmer psychischer und physischer Verfassung. Anfang Dezember 1911 endlich einigte sich das Ehepaar Langevin ohne Gerichtsverfahren über seine Trennung, und die Sache war für Marie Curie zumindest ohne juristische Konsequenzen ausgestanden. Aber auch ihre Beziehung zu Langevin war auf schmerzliche Weise beendet.

Zwar sollte Marie Curie auch in den kommenden Jahren Paul Langevin immer wieder treffen, aber nur noch rein beruflich und wenn es sich nicht vermeiden ließ: in den Physiklaboratorien und an Konferenztischen bei offiziellen und internationalen Anlässen. Ihre Beziehung hatte nun eine andere Qualität. Einen Nachfolger für den Partner, der Langevin eine Zeitlang für sie gewesen war, gab es nie mehr. Die Versuche der Ehrenrettung Eve Curies für ihre Mutter verharmlosen verständlicherweise die Affäre und wirken eher rührend, wenn sie schreibt: »In einem plötzlichen Ausbruch von menschlicher Bosheit und Vernichtungswillen wird die vierundvierzigjährige von einer ungeheuren Arbeitslast niedergedrückte, schutzlos dastehende Frau zum Zielpunkt eines heimtückischen Verleumdungsfeldzuges gemacht, dessen Schauplatz Paris ist. Marie, die einen Männerberuf ausübt, hat unter Männern ihre Freunde, ihre Vertraute gefunden, die alle – und vor allem einer unter ihnen – tiefgehend unter ihrem Einfluß stehen. Mehr bedarf es nicht! Die Gelehrte, deren würdiges, zurückhaltendes Leben von nichts als ihrer Arbeit weiß, deren Schicksal in den letzten Jahren geradezu Mitleid verdiente, wird eines Ehebruchs und der Entehrung des Namens beschuldigt, den sie mit solchem Glanz trägt [...] Immer werden große Menschen das Opfer derer sein, die mit hartnäckiger Wut darauf aus sind, Genies als schwache Menschen zu entlarven.«[14]

Welcher Art die Beziehung zwischen Marie Curie und Paul Langevin wirklich war, läßt sich letztlich nicht genau bestimmen. Immerhin sprechen alle Umstände dafür, daß Marie Curie und Paul Langevin tatsächlich ein Liebespaar waren. Auch die Existenz der Briefe wurde nie bestritten. Der Text klang zweifellos zärtlich und vertraut, aber nicht unbedingt kompromittierend. Doch die Moralkonventionen der Zeit waren andere als die heutigen und die Tugendwächter damals besonders empfindlich gegenüber vermeintlichen weiblichen Verfehlungen.

In Marie Curies Nachlaß fand sich nichts mehr von Paul Langevin, nichts, was an die gemeinsamen Jahre hätte erinnern können, die ihr letztlich so viel Kummer brachten. Nur ein einziges Bündel Dokumente hinterließ sie der Nachwelt: die Liebesbriefe, die ihr Pierre Curie geschrieben hatte. Alles übrige vernichtete sie rechtzeitig. Paul Langevin starb 1946, zwölf Jahre nach Marie Curie. Nach ihrer Romanze mit ihm blieben Marie Curie immerhin noch fast fünfundzwanzig Jahre, in denen er in ihrer unmittelbaren Nähe lebte und arbeitete und in denen sich ihre Wege noch manches Mal kreuzten. So war Frédéric Joliot, der Mann, den ihre Tochter Irène im Jahre 1925 heiratete, ein Schüler Paul Langevins gewesen und auf seine Empfehlung bei ihr als Assistent im Labor angestellt worden. Frédéric Joliot und Irène Curie wurden in ihrem weiteren Leben stark von Langevins linksgerichteten gesellschaftspolitischen Ansichten beeinflußt.

Auch wenn Marie Curie nach 1911 wohl nur noch aus beruflichen Anlässen mit Paul Langevin zusammenkam, verfolgte sie seinen Lebensweg vielleicht doch noch mit Anteilnahme und Interesse. Vermutlich ist es ihr nicht gleichgültig gewesen, als Langevin nach langen Jahren der Trennung zu seiner Frau zurückkehrte, oder als er sich in den dreißiger Jahren in eine leidenschaftliche Affäre mit seiner ehemaligen Schülerin Elaine Montel stürzte. Sie bekam einen Sohn von ihm, und er ließ alte Verbindungen spielen, um für ihre berufliche Zukunft zu sorgen. Es gelang ihm, Marie Curie zu bewegen, die junge Frau am Curie-Laboratorium anzustellen.

Als prominenter Wissenschaftler, bekannter Sympathisant der Linken und Freund deutscher Emigranten wie Albert Einstein erlebte Langevin im 2. Weltkrieg eine schwierige Zeit während der Okkupation in Frankreich. Er wurde inhaftiert und unter Hausarrest gestellt, aber er schaffte es schließlich, in die Schweiz zu emigrieren.

In Amt und Würden

Der unglückliche Ausgang ihrer Romanze mit Paul Langevin im Jahre 1911 hatte für Marie Curie offenbar handfeste psychosomatische Folgen: Kurz vor dem Jahresende erkrankte sie und wurde in ernstem Zustand ins Krankenhaus gebracht. Nachdem sie ihre nervliche Krise überwunden hatte, mußte sie sich einer komplizierten Nierenoperation unterziehen. Es dauerte viele Monate, bis sie wieder zu Kräften kam, und sie lehnte wohl nicht zuletzt aus physischer Schwäche ein Angebot aus Warschau ab, in ihre alte Heimat zurückzukehren und die Leitung des dortigen neuen Radium-Instituts zu übernehmen.

Der Lärm um ihre Person klang im Laufe der Zeit allmählich ab, und sie konnte wieder zur Tagesordnung ihrer Forschungsarbeit übergehen, die ihr in Fachkreisen immer mehr Anerkennung und Autorität einbrachte. Im Sommer 1914 war, wie schon erwähnt, das neue Curie-Laboratorium fertiggestellt, das sie allerdings erst nach dem Krieg beziehen konnte. Dann stand ihr zwar ein mit modernsten Apparaten ausgestattetes Labor zur Verfügung, aber es fehlten die Mitarbeiter, die großenteils im Krieg geblieben waren, und auch die finanziellen Mittel für die Forschung. Aus den vom Krieg geleerten Staatskassen war vorläufig nichts zu erwarten. Marie Curie hatte ihr eigenes Vermögen, also vor allem die aus den beiden Nobelpreisen stammenden Rücklagen, als Kriegsanleihen angelegt und verloren. So blieb nur das zunächst nicht sehr erfolgreiche Bemühen, die Industrie oder Privatleute um finanzielle Hilfe anzugehen.

Handfeste Unterstützung kam schließlich aus dem Ausland. Im Mai 1920 meldete sich erstmals die amerikanische Journalistin Marie Mattingley Meloney bei Marie Curie. Sie gab in New York eine auflagenstarke Frauenzeitschrift heraus.

Marie Curie war zu diesem Zeitpunkt über den Stand der Radiumforschung in den USA bestens informiert. Sie wußte, daß die Amerikaner ungefähr 50 Gramm Radium besaßen, davon allein 4 in Baltimore, 6 in Denver und 7 in New York. Ihr eigenes kostbares Gramm Radium, das sie als Eigentum ihres Laboratoriums betrachtete, war dagegen eine verschwindend geringe Menge, die in keiner Weise für die Fortsetzung ihrer Untersuchungen reichte.

Marie Mattingley Meloney rief in der Folge eine Marie-Curie-Stiftung ins Leben, die innerhalb eines einzigen Jahres nach einer großangelegten Pressekampagne in den USA ein weiteres Gramm für die Forscherin auftrieb. Dies sollte sie sich anläßlich eines Besuchs in den Vereinigten Staaten selbst abholen. Marie Curie, zu diesem Zeitpunkt 53 Jahre alt, reiste im Frühjahr 1921 mit ihren Töchtern, Irène und Eve, in ein Land, das sie mit großer Begeisterung empfing.

Am 20. Mai 1921 überreichte Präsident Warren Harding Marie Curie im Weißen Haus in Washington das Gramm Radium als Geschenk Amerikas, ein Geschenk im Werte von rund 100000 Dollar, das heißt, er überreichte ihr die Schenkungsurkunde und den Schlüssel zu der mit Blei ausgeschlagenen Prunk-Kassette. Entgegen der Absicht der Schenker bestand Marie Curie darauf, daß ihr das Radium nicht als persönlicher Privatbesitz, sondern als Eigentum ihres Laboratoriums übergeben wurde. Die Schenkungsurkunde mußte auf ihren ausdrücklichen Wunsch in diesem Sinne noch am Abend vor der Übergabe notariell geändert werden. Nur mit Mühe bewältigte Marie Curie, die bereits vor dem Antritt der Reise in die Vereinigten Staaten unter Seh- und Hörstörungen litt, die Strapazen des achtwöchigen Aufenthalts, der mit dem Besuch von Universitäten, Industrieanlagen und Kongreßversammlungen verbunden war. Zum Schluß vertraten ihre Töchter sie und nahmen die ihr zugedachten Ehrungen an ihrer Stelle entgegen. Als sich Marie Curie Ende Juni auf die Heimreise begab, war sie restlos erschöpft.

Dennoch fuhr sie acht Jahre später, im Herbst 1929, noch ein weiteres Mal in die USA, um ein zweites von Amerika gestiftetes Gramm Radium in Empfang zu nehmen. Diesmal war es dem »Marie-Sklodowska-Curie-Institut« in Warschau zugedacht, das Marie Curie in ihrer Heimat gründen half und das 1932 in Warschau seiner Bestimmung übergeben wurde.

Marie Curie und Marie Mattingley Meloney 1921

Das höchste Glück für Marie Curie blieb aber die Arbeit in ihrem Labor. Nach wie vor verbrachte sie bis zu 14 Stunden am Tag dort. Ihre Arbeitskraft schien auch im Alter unerschöpflich. Nach und nach wurden unter ihrer Leitung die noch unbekannten Gebiete im Bereich der Radioaktivität weiter erforscht. In den Jahren von 1919 bis 1934 veröffentlichte sie selbst 31 wissenschaftliche Arbeiten. Insgesamt gingen aus ihrem Institut in dieser Zeit 483 Veröffentlichungen hervor.

Auch diese Phase schöpferischer Arbeit scheint Marie Curie ihrer Gesundheit abgetrotzt zu haben. Ihre Sehkraft wurde von Jahr zu Jahr schwächer. Sie erkrankte auf beiden Augen am grauen Star und fürchtete, gänzlich zu erblinden. In der Zeit von 1923 bis 1930 mußte sie vier Augenoperationen über sich ergehen lassen, bis sich ihre Sehfähigkeit stabilisierte.

Dennoch war sie in diesen Jahren körperlich nicht so beeinträchtigt, wie frühere Krankheiten hatten befürchten lassen. Und so begann sie zu reisen, teils in offizieller, teils in inoffizieller wissenschaftlicher Mission. Sie kam dabei nach Holland, Brasilien, Dänemark, in die Tschechoslowakei, nach Spanien und in viele andere Länder. Bis zu ihrem Lebensende steckte sie voller Pläne. Sie rief eine Fabrik zur Bearbeitung radioaktiver Mineralien ins Leben und wollte sich sogar ein eigenes Haus bauen lassen.

1932 übertrug sie ihrer Tochter Irène die wissenschaftliche Leitung ihres Laboratoriums. 1933 gelang es im Curie-Laboratorium, eine Aktinium-Quelle zu erschließen, in der dieses Element – ein radioaktives Zerfallsprodukt des Urans – in starker Konzentration enthalten war. Marie Curie und ihre Mitarbeiter führten daraufhin eine Reihe von Untersuchungen durch, die dieses Radiumisotop und seine Derivate betrafen. Marie Curie selbst, damals 66 Jahre alt, erforschte das Aktiniumspektrum, das heißt, die nichtradioaktive Lichtstrahlung dieses Atoms.

Im Frühjahr 1934 erkältete sich Marie Curie und erkrankte ernsthaft. Ihr letztes, den Ärzten zunächst rätselhaftes Leiden nahm damit seinen Anfang. Sie wurde bettlägerig und starb am 4. Juli 1934 während eines Sanatoriumsaufenthaltes in Sancellemoz in der Schweiz.

Marie Curie mit dem amerikanischen Präsidenten Harding 1921

Auf der Rückreise aus USA nach Europa 1921

Politische Interessen

Marie Curie bleibt nicht allein als Wissenschaftlerin in Erinnerung. Je älter sie wurde, um so stärker war sie bereit, sich auch politisch zu engagieren. Sie hatte die Ideale ihrer Jugend nicht vergessen und ihre politische Grundeinstellung über die Jahrzehnte hin bewahrt. Diktaturen blieben lebenslang ein Schrekken für sie. Wenn jemand solche politischen Systeme pries, entgegnete sie: »Ich habe unter einer Gewaltherrschaft gelebt, ihr nicht. Ihr wißt nicht, was für ein Glück es ist, in einem freien Land zu leben.«[15]

Marie Curie, die ihr ganzes Leben der nüchternen Forschung und wissenschaftlichen Erkenntnis gewidmet hatte, stellte im Alter ihr wissenschaftliches Renommé in den Dienst wissenschaftspolitischer und friedenspolitischer Aktivitäten. Vielleicht hatte ihr neu erwachtes politisches Interesse damit zu tun, daß sie im Laufe der Jahre in ihrem Labor neben ihrer Tochter Irène und dem Schwiegersohn, Frédéric Joliot, sowie der Vielzahl junger Talente, die zu ihr fanden, eine Nebenrolle einnehmen mußte. Auf dem internationalen Parkett allerdings spielte sie noch immer eine Hauptrolle.

Als besondere Ehre empfand es Marie Curie, die nie zuvor in irgendeinem politischen Gremium mitgearbeitet hatte, daß sie am 15. Mai 1922 in die Internationale Kommission für geistige Zusammenarbeit beim Völkerbund in Genf aufgenommen wurde, der unter anderen auch der französische Philosoph Henri Bergson und der inzwischen in Berlin lehrende Physiker Albert Einstein angehörten.

Übrigens war es Marie Curie zu verdanken, daß Albert Einstein der Völkerbundkommission erhalten blieb. Wegen Rathenaus Ermordung und wegen des immer mehr spürbar werdenden Antisemitismus der Menschen, die er repräsentieren sollte, hatte Einstein von der neu gegründeten Kommission zurücktreten wollen. Marie Curie hielt ihn durch ein energisches Schreiben davon ab. Sie hatte den zwölf Jahre jüngeren Kollegen bereits 1909 anläßlich einer Einladung nach Genf zur 350-Jahr-Feier der von Calvin gegründeten Universität kennengelernt und ihn zwei Jahre später auf dem ersten Solvay-Kongreß in Brüssel wiedergetroffen. Sie würdigte »die Klarheit seines Verstandes, den Scharfsinn, mit dem er seine Fakten ordnete, und die Tiefe seines Wissens«.[16] Im Sommer 1913 hatte sie sich mit ihm zu einem Wanderurlaub in der Schweiz verabredet, zu dem sie ihre beiden Töchter und er seinen ältesten Sohn mitbrachte. Es war der Anfang einer wissenschaftlichen Freundschaft, die zwanzig Jahre dauern sollte.

Auch Albert Einstein empfand eine Art Wahlverwandschaft zu Marie Curie. In seinem Gratulationsbrief zum 25. Jahrestag der Entdeckung des Radiums nannte er sie »eine trotzige Schwester, [...] der ich mich immer besonders nahe gefühlt habe«. Er schrieb ihr: »Es ist eine Freude, einem aufrechten Menschen die Hand zu drücken, der auf so fruchtbare Arbeit zurückschauen kann und so reiche Ernte erleben durfte. Gütig und trotzig zugleich als Mensch, so liebe ich Sie und freue mich, daß es mir vergönnt war, in Tagen ruhigen Zusammenseins in Ihr Inneres zu schauen, wo zuerst alles im stillen gekocht wird.«[17]

Noch nach jahrelanger Mitarbeit war Marie Curie davon überzeugt, daß die Völkerbundkommission wichtige Aufgaben erfüllte. In einem Brief an ihre Tochter Eve schreibt sie: »Ich glaube, daß die internationale Arbeit wohl sehr mühevoll ist, daß es aber unumgänglich ist, diese Lehrzeit zu durchlaufen, koste es auch viel Anstrengung und ein wirkliches Opfer. So unvollkommen es auch sei, das Werk von Genf ist groß genug, daß es jede Unterstützung verdiente.«[18]

Marie Curie wurde Vizepräsidentin der Völkerbundkommission. Sie engagierte sich energisch und mit einer Menge praktischer Ideen für die Zusammenarbeit der Völker auf wissenschaftlichem Gebiet. Dabei bekämpfte sie alles, was sie die »Weltanarchie« der wissenschaftlichen Arbeit nannte. Sie wollte mehr äußere Einheitlichkeit, Systematik und Transparenz in der Wissenschaft und trat deshalb für internationale Zusammenar-

Sitzung der Internationalen Kommission für geistige Zusammenarbeit in Genf

beit auf bibliographischem Gebiet ein. Es sollte jedem Wissenschaftler möglich sein, sich augenblicklich über die von anderen auf seinem Arbeitsgebiet bereits erreichten Ergebnisse zu informieren. Ferner strebte sie an, die wissenschaftliche Symbolik und Terminologie, das Format der Publikationen sowie die Arbeitsübersichten in den Fachzeitschriften zu vereinheitlichen. Marie Curie scheute dabei nicht vor zentralistischen Ideen zurück und ging so weit, eine Art Generalstab der Forscher zu fordern, der die wissenschaftlichen Arbeiten in ganz Europa dirigieren sollte.

In ihrer Tätigkeit für den Völkerbund kam eine ganz neue Marie Curie zum Vorschein; sie stand im Gegensatz zu der Frau, die seinerzeit jede Art von Patentrechten an der Radiumgewinnung zurückgewiesen hatte. Bedingt wohl durch ihre zwischenzeitlichen Erfahrungen in den USA, stellte Marie Curie jetzt Forderungen an die Regierungen zugunsten der schöpferischen Wissenschaftler. Diese sollten für ihre Arbeit, die ohne Entgelt zum Nutzen der Gesellschaft verwendet wird, nach einem bestimmten Verfahren entschädigt werden. Diese Linie unterschied sich grundlegend von ihrer früheren Auffassung, daß die Wissenschaft rein bleiben müsse, frei von Verpflichtungen, die mit ihrer Anwendung verbunden seien. Selbst ihre Tochter Eve sah in dieser Haltung ein Paradoxon:

»Endlich – welch Paradox! – wird die Gelehrte, die materiellen Gewinn immer von sich gewiesen hat, für ihre Kollegen zur Vorkämpferin für wissenschaftliches Eigentumsrecht; sie will den Wissenschaftlern Urheberrechte sichern, sie für Arbeiten entschädigen, die, ohne Absicht auf Gewinn unternommen, zur Unterlage industrieller Verwertung werden. Es ist ihr Traum, auf diese Weise zugleich Abhilfe für die ewige Notlage der Laboratorien zu schaffen, indem von den Eingängen aus diesen Rechten eine Subvention für die reine Forschung in Abzug gebracht wird.«[19]

Im Jahre 1933, ein Jahr vor ihrem Tode, führte Marie Curie in Madrid den Vorsitz eines der Zukunft der Kultur gewidmeten Kongresses, an dem Schriftsteller und Künstler aus allen Ländern teilnahmen. Die Teilnehmer des Kongresses warnten vor den Gefahren der Spezialisierung und Standardisierung und

Mitglieder der Internationalen Kommission für geistige Zusammenarbeit 1925, links Albert Einstein, neben ihm Robert A. Millikan und Gilbert Murray, rechts Marie Curie

machten die Wissenschaft mit verantwortlich für die zeitgenössische Kulturkrise. Marie Curie verteidigte mit der gleichen Überzeugung wie in jungen Jahren ihre Liebe zur Wissenschaft. Ihre Worte klingen heute wie ein letztes öffentliches Credo:

»Ich gehöre zu denen, die die besondere Schönheit des wissenschaftlichen Forschens erfaßt haben. Ein Gelehrter in seinem Laboratorium ist nicht nur ein Techniker; er steht auch vor den Naturvorgängen wie ein Kind vor der Märchenwelt. Wir dürfen niemand glauben machen, daß der wissenschaftliche Fortschritt sich als ein Mechanismus, als eine Maschine, als ein Getriebe ineinandergreifender Zahnräder begreifen läßt – die übrigens auch ihre eigene Schönheit haben.

Ich glaube auch nicht an die Gefahr, daß der Geist des Abenteuers aus unserer Welt verschwinde. Wenn von allem, was ich um mich wahrnehme, irgend etwas lebenskräftig ist, so ist es eben dieser Geist des Abenteuers, der unausrottbar scheint und sich mit Neugier verbindet [...]«[20]

Marie Curies politisches und kulturelles Engagement fand breite Anerkennung. Stellvertretend für viele schrieb Albert Einstein 1935 in einem Nachruf:

»Wenn ein überragender Mensch wie Frau Curie sein Leben abgeschlossen hat, so sollten wir nicht nur an das erinnern, was er den Menschen an Ergebnissen der Arbeit geschenkt hat; denn die ethischen Qualitäten der führenden Persönlichkeiten einer Generation sind für diese und den Lauf der Geschichte von vielleicht noch größerer Bedeutung als die rein intellektuellen Leistungen. Auch sind diese letzteren in höherem Maße, als man gewöhnlich denkt, von der Größe des Charakters abhängig [...]

Frau Curie war von einer Stärke und Lauterkeit des Willens, von einer Härte gegen sich selbst, von einer Objektivität und Unbestechlichkeit des Urteils, die selten in einem Menschen vereinigt sind. Sie fühlte sich in jedem Augenblick als Dienerin der Gesellschaft, und ihre tiefe Bescheidenheit ließ keine Selbstzufriedenheit aufkommen. Das stets in ihr lebendige Gefühl für die Härten und Ungerechtigkeiten der Gesellschaft drückte sie und gab ihr jene Herbheit nach außen, die von einem Fernerstehenden leicht mißdeutet werden konnte, jene eigenartige Herbheit, die durch keinerlei künstlerische Liebhabereien gemildert war. Hatte sie einen Weg für richtig erkannt, so verfolgte sie ihn ohne Kompromisse und mit äußerster Zähigkeit [...]

Wenn auch nur ein kleiner Teil von Frau Curies Charaktergröße und Hingabe in den Intellektuellen Europas lebendig wäre, stünde es besser um Europas Schicksal.«[21]

Marie Curie und Albert Einstein 1925 am Genfer See

Als Frau in einer Männerdomäne

Der Mythos um Marie Curie bezieht sich weniger auf ihr politisches Engagement als auf ihre naturwissenschaftlichen Erfolge. Viele ihrer Zeitgenossen bestaunten Marie Curie als exzentrisches Wunderwesen, das fernab von aller Normalität mit gelehrten Glanzleistungen in den Naturwissenschaften Aufsehen erregte. Weibliche Einzelgängerinnen dieser Art hatte es bis dahin, über Jahrhunderte hinweg, nur wenige gegeben – beispielsweise Hypatia, Tochter eines Mathematikers, die um 400 n. Chr. in Alexandria Philosophie und Mathematik lehrte, oder Laura Bassi, die 1732 in Bologna einen Lehrstuhl für Algebra, Geometrie und Experimentalphysik innehatte. Einige wenige Frauen hatten sich auch außerhalb der Institutionen als Naturwissenschaftlerinnen ausgewiesen, so die Italienerin Maria Gaeteana Agnesi, die 1748 ein berühmtes mathematisches Lehrbuch über Infinitesimalrechnung verfaßte, oder die Französin Gabrielle-Emilie du Châtelet, die für ihren Sohn ein Physik-Lehrbuch schrieb und 1749 Newtons Hauptwerk »Philosophia naturalis principia mathematica« ins Französische übertrug, ebenso die Schottin Mary Sommerville, welche die magnetischen Eigenschaften des Sonnenlichts erforschte.

Marie Curies wissenschaftliche Entdeckungen stellen ohne Zweifel alles in den Schatten, was je zuvor von Frauen auf naturwissenschaftlichem Gebiet erarbeitet wurde. Sie gelten als der Auftakt zum Atomzeitalter. Wie kam es zu solch weiblicher Brillanz in einem ganz und gar männlichen Forschungszweig? Ebenso wie das intellektuelle Erbe Marie Curies verdienen die besonderen Lebensumstände und der Charakter dieser außergewöhnlichen Wissenschaftlerin Aufmerksamkeit, wenn man ihre Erfolge in einer von Männern beherrschten Domäne verstehen will.

Eine Stellungnahme aus dem Jahre 1897 zeigt den Zeitgeist, dem sich weibliche Naturwissenschaftler um die Jahrhundertwende zu stellen hatten. Sie stammt aus Deutschland – von Max Planck, dem prominenten Ordinarius für Physik und späteren Präsidenten der Kaiser-Wilhelm-Gesellschaft – und ist vergleichsweise fortschrittlich: »Wenn eine Frau, was nicht häufig, aber doch bisweilen vorkommt, für die Aufgaben der theoretischen Physik besondere Begabung besitzt und außerdem den Trieb in sich fühlt, ihr Talent zur Entfaltung zu bringen, so halte ich es, in persönlicher wie auch in sachlicher Hinsicht, für unrecht, ihr aus prinzipiellen Rücksichten die Mittel zum Studium von vornherein zu versagen, ich werde ihr gerne, soweit es überhaupt mit der akademischen Ordnung verträglich ist, den probeweisen, stets widerruflichen Zutritt zu meinen Vorlesungen und Übungen gestatten und habe in dieser Beziehung auch bis jetzt nur gute Erfahrungen gemacht. Andererseits muß ich aber daran festhalten, daß ein solcher Fall immer nur als Ausnahme betrachtet werden kann und daß es insbesondere höchst verfehlt wäre, durch Gründung besonderer Anstalten die Frauen zum akademischen Studium heranzuziehen, wenigstens sofern es sich um die rein wissenschaftliche Forschung handelt. Amazonen sind auch auf geistigem Gebiet naturwidrig.«[22]

Das volle Immatrikulationsrecht wurde Abiturientinnen im Deutschen Reich zuerst im Jahre 1900 in Baden und zuletzt 1908 in Preußen zugestanden. Es waren harte Zeiten für intelligente Frauen. Die hochbegabte Physikerin Lise Meitner begann 1907, also ein Jahr bevor Frauen in Preußen offiziell zum Studium zugelassen wurden, ihre Zusammenarbeit mit Otto Hahn, dem 1938 die erste Atomspaltung gelang. Sie durfte, weil weiblich, auf Anordnung des Institutsdirektors, Professor Emil Fischer, das Institutsgebäude nur durch einen Nebeneingang und die Hörsäle überhaupt nicht betreten.

Marie Curie ging es da vergleichsweise besser. Zwar hatte auch sie in ihrem Heimatland Polen keine Chance zum Studium, aber sie konnte sich an der liberalen Pariser Sorbonne bereits 1891 als Frau ohne Einschränkungen immatrikulieren und frei bewegen. Siebzehn Jahre später erhielt sie als erste Frau dort einen eigenen Lehrstuhl.

Seit der Berufung Marie Curies auf ein eigenes Ordinariat für

Physik sind mehr als achtzig Jahre vergangen. Doch auch heute noch werden Frauen, die in den Naturwissenschaften oder Ingenieurswissenschaften Überdurchschnittliches leisten, wie bizarre Fabelwesen bestaunt. Formell steht zwar dem Aufstieg befähigter Wissenschaftlerinnen nichts mehr im Weg, und die Zeiten institutionalisierter Zurücksetzung, wie sie einst Lise Meitner widerfahren ist, gehören der Vergangenheit an. Dennoch tun sich mathematische und naturwissenschaftliche Institute auch heute noch schwer, Frauen als Wissenschaftlerinnen zu beschäftigen. Nur jeder 20. unbefristete Arbeitsvertrag für wissenschaftliches Personal wird in der Bundesrepublik an eine Frau vergeben, und in den übrigen Ländern der Europäischen Gemeinschaft ist es nicht viel anders – nicht zuletzt deshalb, weil es zu wenig entsprechend qualifizierte Frauen gibt.

Offenbar ist bei den Mädchen das Interesse an naturwissenschaftlich-technischen Studienfächern nach wie vor unterentwickelt. Unter dem Druck der überkommenen Rollenvorstellungen werden Mädchen so oft und so gründlich ausgesiebt, daß am Ende nur wenige übrigbleiben, die in den Naturwissenschaften Fuß fassen. Das fängt bekanntlich schon im Kindergarten an und reicht bis in die Auslesemechanismen der Hochschulen, wo junge Männer bei gleicher Leistung nach wie vor die erfolgreicheren sind.

Um so erstaunlicher bleibt der Weg, den Marie Curie viele Jahrzehnte zuvor so erfolgreich gegangen ist. Und das, obwohl sie noch weniger als die Frauen, die nach ihr kamen, durch die Identifikation mit weiblichen Vorbildern in den Naturwissenschaften sachliches Selbstbewußtsein hatte gewinnen können.

Die Hintergründe von Marie Curies Erfolg scheinen letztlich die gleichen Sozialisationsvorteile zu sein, die auch heute noch die Karriere von Frauen in einer Männerdomäne wie den Naturwissenschaften begünstigen. Denn auch die scheinbar natürlichsten aller beruflichen Determinanten des Naturwissenschaftlers, der scharfe Intellekt und der Drang zum Forschen, müssen letztlich erst einmal entwickelt werden, um zur Wirkung zu kommen. Wo Eltern und Lehrer nur betont weibliche Leistungserwartungen an Schülerinnen haben, fehlen dazu Mut, Interesse und Ausdauer. Mathematik, Physik und Chemie bleiben ein geschlechtsfremdes Territorium, das mit der eigenen Person kaum in Einklang zu bringen ist.

Marie Curies Ausgangslage unterschied sich vorteilhaft von dieser Situation. Nicht nur, daß ihr Leben von Kindheit an durch die besonderen Umstände des Lehrer- und Internats-Milieus, in dem sie aufwuchs, ganz auf geschlechtsneutrales Lernen und auf bestmögliche Leistung abgestellt war. Nach dem frühen Tod ihrer Mutter entwickelte sich zudem ihr Vater Wladislaw Sklodowski, von Beruf Mathematik- und Physik-Lehrer, zu ihrer Hauptbezugsperson. In den wichtigsten Jahren ihrer Kindheit und Jugend war er die zentrale Figur für die letztgeborene kleine Tochter, ständig präsent mit seinen intellektuellen Angeboten, seiner starken Erwartungshaltung und seinen väterlichen Zornes- und Liebesbekundungen. Er war der Mentor, der das junge Mädchen in seinem eigenen Sinne geistig förderte und ihr Interesse an außerhäuslichen Bereichen weckte. Von ihm lernte sie die Regeln des rationalen Denkens und Handelns.

Marie Curie wurde denn auch eine echte Vater-Tochter, eifrig nach Leistung und Kompetenz strebend. Mit Koketterie oder gar gespielter Hilflosigkeit um die Gunst des anderen Geschlechts zu werben, schien ihr von frühester Jugend an ein Greuel. Zielstrebig, sachlich und ohne Angst vor Isolation drang sie mit bewundernswerter Selbstsicherheit und Selbstverständlichkeit in das Studium der um die Jahrhundertwende rein maskulinen Naturwissenschaften vor. Noch ihre Tochter bestaunte den mutigen Alleingang: »Marie hat seit ihrer Kindheit die Neugierde und Kühnheit des Forschers in sich. Dieser Instinkt ist es, der sie dazu getrieben hat, Warschau zu verlassen und die Sorbonne zu entdecken, der sie das einsame Zimmer im Quartier Latin der behaglichen Wohnung der Dluskis vorziehen ließ [...] Wenn sie durch den Wald geht, schlägt sie stets den unbegangenen Weg ein.«[23]

Geholfen haben mag Marie Curie bei ihrer Entscheidung für ein Studium in der Fremde auch ihre Stellung in der Geschwisterreihe ihrer Ursprungsfamilie: Als jüngste von insgesamt vier

Marie Curie auf dem 1. Solvay-Kongreß in Brüssel 1911. Rechts neben ihr Henri Poincaré, hinter ihr (von rechts) Paul Langevin, Albert Einstein, Heike Kammerlingh Onnes und Ernest Rutherford.

Schwestern mußte sie sich, will man den Psychologen Glauben schenken, von den Männern besonders zum Wettbewerb herausgefordert fühlen.

In Maries Geschwisterreihe gab es auch ein Vorbild, dem sie sich sehr verbunden fühlte: Ihre ältere Schwester, Bronia, war als erste zum Studium nach Paris aufgebrochen und hatte ihr den Weg gewiesen. Bronia arbeitete bereits als Ärztin, als Marie mit dem Studium begann, und blieb ihr Leben lang Ansprechpartnerin für Marie Curie in beruflicher und privater Hinsicht.

Marie Curies Heirat schließlich beweist das sichere Gespür einer angehenden Karriere-Frau für den richtigen Partner. Als Vater-Tochter hatte sie naturgemäß kein besonderes Faible für den in ihrer Zeit noch häufigeren klassischen Macho-Typ, der die Frau als schmückendes Beiwerk oder Muttterersatz benötigt. Sie heiratete vielmehr einen Studienkollegen von liberaler Wesensart, dem ihr wissenschaftliches und berufliches Engagement auf Kosten der Familie nicht erst abgerungen werden mußte, sondern der es im Gegenteil nach Kräften unterstützte und förderte. In Pierre Curie gewann sie einen Partner, der sie als Frau und als Wissenschaftlerin zu nehmen wußte und der noch dazu dank seines Altersvorsprungs väterlich genug war, sie entsprechend anzuleiten, im Ernstfall hinter ihr zurückzustehen und ihre Fähigkeiten zum vollen Einsatz zu bringen.

Die Wahl ihres Ehemannes aus der angestrebten Berufssparte war ohne Zweifel auch sonst ein wichtiger Karriereschritt für Marie Curie. In seinem Windschatten lernte sie den Umgang mit der Institution Wissenschaft, gewöhnte sie sich an deren hierarchische Strukturen und ihre auf Kooperation und Konkurrenz abgestellten Organisationsformen und übte, Leistung sowohl mit anderen als auch gegen andere zu erringen.

Marie Curie hatte wie alle übrigen Wissenschaftlerinnen der ersten Generation paradoxerweise alles sich selbst und jede Position, die sie erringen konnte, einem Mann zu verdanken. Sie kannte sehr genau die von Männern geprägten Strukturen, die Aufnahme und Weiterkommen in ihrem Fach bestimmten, die extreme Abhängigkeit vom Wohlwollen ihrer Lehrer und Kollegen. Dennoch glaubte sie fest an die Geschlechtsneutralität der

Institution Wissenschaft, der sie dienen wollte; und sie war bereit zu großem Einsatz und hohen persönlichen Aufwendungen.

Was die erfolgreiche wissenschaftliche Symbiose mit einem Partner gleicher Fachrichtung anbelangt, so steht Marie Curie nicht allein. Vergleicht man nur die weiblichen Wissenschaftler, die an Nobelpreisen beteiligt wurden, so waren es nicht selten Frauen mit ebenso erfolgreichen Ehemännern in der gleichen Disziplin. Als Beispiel engster wissenschaftlicher Zusammenarbeit gelten neben den Arbeiten von Marie und Pierre Curie zur natürlichen Radioaktivität später die Forschungsergebnisse von Irène und Frédéric Joliot-Curie zur künstlichen Radioaktivität, honoriert mit dem Chemie-Nobelpreis 1935; die Forschungen von Gerty Theresa und Carl Ferdinand Cori zum Glykogenstoffwechsel, die den Medizin-Nobelpreis 1947 einbrachten, sowie die Arbeiten von Rosalyn Yalow und ihrem vor der Preisverleihung gestorbenen Partner Solomon Berson zu radio-immunologischen Methoden, die 1977 mit dem Nobelpreis für Medizin ausgezeichnet wurden.

Wenn überhaupt, so scheinen forschende Frauen am ehesten an der Seite des eigenen Ehemanns auf das Stockholmer Ruhmespodest gehoben zu werden. Auch Marie Curie hat darunter gelitten, obwohl sie ihren zweiten Nobelpreis 1911 lange nach dem Tod ihres Mannes ganz für sich allein und noch dazu in einer anderen Disziplin bekam.

Der Zweifel mancher Wissenschaftler an der Fähigkeit von Frauen, auch im Bereich der Naturwissenschaften originäre Arbeit zu leisten, zwang Marie Curie schon früh zu einer Art Überreaktion, die fast überheblich wirkte. Sie gewöhnte sich sehr schnell an, bei jeder Gelegenheit, mündlich oder gedruckt, deutlich darauf hinzuweisen, für welche Ergebnisse sie und nur sie allein verantwortlich war. Zwar vermerkte sie säuberlich die Leistungen ihrer Mitarbeiter, besonders die ihres Mannes, wo es angemessen erschien. Aber nie ließ sie ihr Eigentumsrecht an ihren eigenen Gedanken und Arbeiten in Frage stellen, auch nicht in Schriften mit mehreren Autoren.

Die Behauptung, Marie Curie sei auf den Rockschößen ihres Mannes zum Erfolg getragen worden, ist sicher unfair. Doch steht außer Zweifel, daß es nützlich für sie war, im Kielwasser von Pierre Curie Eingang in die Gemeinschaft der Wissenschaftler zu finden. Denn bis heute ist die sichere Verankerung und soziale Anerkennung im Kreis der Fachkollegen eine der Schwachstellen für weibliche Forscher geblieben. Wer nicht frühzeitig die Chance hat, in den inneren Kreis der Experten vorzustoßen und sozusagen Mitglied im wissenschaftlichen Klub der »Alten Herren« zu werden, bleibt auch sonst draußen und wird kaum zur Kenntnis genommen.

Für den Wissenschaftler heißt das unter anderem ganz simpel: er wird in den Arbeiten von Kollegen nicht zitiert, sondern totgeschwiegen. Ganz anders Forscher, die – aus welchen Gründen auch immer – bereits einen Namen haben. Sie finden für ihre Arbeiten ganz von selbst in der Fachwelt Aufmerksamkeit und setzen eine Lawine von Verweisen in Gang. Der amerikanische Wissenschaftssoziologe Robert K. Merton hat diesen Sachverhalt anschaulich den »Matthäus-Effekt« genannt – »wer hat, dem wird gegeben«, auch in der Wissenschaft!

Dank der engen Zusammenarbeit mit ihrem Mann hatte Marie Curie schon frühzeitig Gelegenheit, im wissenschaftlichen Klub der »Alten Herren« dabeizusein. Nützlich für ihre Akzeptanz in diesem Kreis war sicher auch ihr unauffälliges äußeres Erscheingungsbild, das letztlich die Frau vergessen machte. Zwar hatte auch sie durchaus ihre körperlichen Eitelkeiten und brachte es noch in hohem Alter fertig, vor dem Spiegel stehend, ihre Töchter aufzufordern, ihre schlanke Gestalt zu bewundern. Doch nach außen hin war sie das geschlechtsneutrale Wesen im dunklen Laborkittel oder hochgeschlossenen, schwarzen Kleid, das – fern von aller weiblichen Koketterie – jeden Versuch zu einer Gelegenheitsunterhaltung schroff von sich wies.

In jüngeren Jahren mag ihr schlichtes Äußeres trotzdem manch einem anziehend erschienen sein. So wird von Ernest Rutherford berichtet, daß er Marie Curies bescheidene Art, sich zu kleiden, ausdrücklich geschätzt und seiner eigenen Frau bei der Heirat als leuchtendes Beispiel gepriesen habe. Als Marie Curie älter wurde, wirkte ihre resolute Gestalt in Schwarz allerdings auf alle, die nicht in ihrem Labor arbeiteten, eher abschreckend.

Junge Wissenschaftler, die ihr auf internationalen Konferenzen zum erstenmal begegneten, beklagten sich über ihre emotionale Kälte, den eisigen Ausdruck, den sie zur Schau trug, über ihr kompromißloses Auftreten und die Forderung nach Respekt.

Auch im privaten Bereich lehnte Marie Curie noch in hohem Alter alle männlich-chevaleresken Gesten ihrer Person gegenüber ab. Artur Rubinstein, der berühmte Pianist polnischer Herkunft, beschreibt sie in seiner Biographie anläßlich einer Einladung zum Mittagessen bei Eve Curie, an dem auch ihre Mutter teilnahm: »Madame Curie, zierlich, von sehr aufrechter Haltung, mit kleinem Kopf, war unverkennbar Polin. Das braune Haar trug sie als Chignon, an den Schläfen war sie schon ergraut. Ich beugte mich verehrungsvoll über ihre Hand, doch sie wollte das nicht zulassen, entzog sie mir vielmehr flink. Solche Gesten mochte sie offenbar nicht.«[24]

Zu der Härte, die sich Marie Curie selbst verordnete, gehörte auch, niemals ein Zeichen von Schwäche zu zeigen: »Während eines ganzen, glänzenden Lebens hat Marie jede impulsive Regung, jedes Eingeständnis der Schwäche unterdrückt, vielleicht jeden Hilferuf, der sich ihr auf die Lippen drängte.«[25]

Ihr Bemühen, niemals irgendeine Schwachstelle bei sich selbst zuzugestehen, nahm im Zusammenhang mit ihrem langjährigen Augenleiden groteske Züge an: Sie verwendete riesenhaft vergrößernde Lupen und brachte an den Ablesetafeln ihrer Apparate große farbige Zeichen an. Die Notizen für ihre Vorlesungen schrieb sie mit so großen Buchstaben, daß sie diese in der schlechten Beleuchtung des Hörsaales gerade eben noch entziffern konnte. Mit unendlichen Listen verbarg sie ihre Sehschwäche. Wenn ihr ein Student eine photographische Platte von einer Versuchsreihe vorlegte, auf der nur ganz feine Linien zu sehen waren, suchte sie durch geschickte Fragen herauszubekommen, was sie brauchte, um sich das Aussehen der Platte in Gedanken zu konstruieren. Dann erst griff sie nach ihr und tat so, als ob sie die Linien sähe.

Marie Curie war eine der ersten Frauen, die sich selbst Lebensbedingungen schuf, durch die sie auf einem vollständig von Männern beherrschten Wissensgebiet wettbewerbsfähig wurde.

Sie besaß sowohl die Ausdauer als auch die Entschlossenheit, sich auf diesem Gebiet einen hervorragenden Platz zu erobern. Und letztlich ließ sie sich auch durch den Umstand, daß sie Mann und Kinder hatte, nicht von diesem Ziel abbringen, obwohl sie sich damit noch stärker den Zwängen geschlechtsspezifischer Arbeitsteilung aussetzte. Denn im Gegensatz zu einem männlichen Wissenschaftler mit Familienanhang durfte sie nicht damit rechnen, durch schlichte Rollenteilung in der Ehe weitgehend von Alltag und Familienleben entlastet zu werden. Allerdings wußte Marie Curie, daß größtmögliche Konzentration aller Zeit und Energie auf ihre wissenschaftliche Arbeit unabdingbare Voraussetzung für ihren Erfolg in der Forschung sein würde. Also mußte sie sehen, sich durch Hilfe von außen von ihren häuslichen Pflichten weitgehend zu befreien. Das gelang ihr mit Hilfe ihres Schwiegervaters, der sich um die Erziehung ihrer Töchter kümmerte. Die sonstigen Haushaltspflichten überließ sie bezahlten Kräften, die das ihrer Meinung nach viel besser machten, als sie selbst es je gekonnt hätte. Noch als alte Frau gab sie unumwunden zu, daß sie es nie gelernt habe, wie man beispielsweise eine Küche säubert. Sobald sie einen nassen Putzlappen in Bewegung gesetzt habe, habe alles so ausgesehen, als ob man von vorn anfangen müsse.

Mit Recht wird behauptet, daß Frauen, die Wissenschaftlerin und Mutter zugleich sein wollen, einen hohen Preis zu zahlen haben. Ihre Zeit ist knapper, es bleibt nichts für den »small talk« innerhalb des Labors oder Instituts, und die Möglichkeiten für informelle Kontakte mit Kollegen sind gering. »Die Prioritäten der produktivsten Wissenschaftsfrauen lauten Arbeit und Familie, die der Männer Arbeit und karrierebezogene Tätigkeiten.«[26] Bei Marie Curie allerdings, so darf vermutet werden, war das nicht so. Sie wußte durchaus über die Bedeutung der informellen Netzwerke in der Institution Wissenschaft Bescheid und hatte über ihren Mann und später das eigene Labor alle Möglichkeiten, Kollegialität in der Forschung zu pflegen.

Auch nach Pierres Tod stand Marie Curie nicht allein. Sie war schon zu bekannt und bald auch schon zu etabliert durch ihren eigenen Lehrstuhl und das eigene Institut, als daß sie noch

Schwierigkeiten gehabt hätte, sich als Frau in der Männerdomäne der Physik zu behaupten. Allerdings kam es ihr wohl auch nicht darauf an, eine spezielle »weibliche Identität« als Forscherin zu entwickeln und sich betont als »normale Frau« irgendwo zwischen Kumpel und Exotin zu behaupten. Wie schwierig es letztlich auch für Marie Curie bei allem Bemühen um Geschlechtsneutralität war, den Umgang mit den Kollegen nach dem Tod ihres Mannes auf einer freundschaftlich-fachlichen Ebene zu halten, wenn eine unterschwellige erotische Anziehung bestand, beweisen die Verwicklungen ihrer Affäre mit Paul Langevin.

Die Lebensbedingungen, die Marie Curie zum wissenschaftlichen Erfolg verhalfen, machten sie gleichzeitig zur Einzelgängerin, die sich zwangsläufig unbehaglich fühlte »unter den Tausenden von Blicken, die auf sie gerichtet sind – auf sie, das Wundertier, das Phänomen einer Frau, die Physikerin ist.«[27] Marie Curies Verschlossenheit ist ohne Zweifel auf ihre Unsicherheit zurückzuführen, verstärkt durch Zurückweisungen von ihrer Umwelt und einigen ihrer Kollegen, denen sie sich natürlich auch ausgesetzt sah.

Urteile wie die ihres Zeitgenossen, des Dramatikers August Strindberg, der die Entdeckungen der Nobelpreisträgerin für reinen Bluff hielt, schon deshalb, weil sie eine Frau war, haben Marie Curie, wenn sie ihr überhaupt zu Ohren gekommen sind, sicher kalt gelassen. Die manchmal nur laue oder halbherzige Unterstützung im Kollegenkreis dagegen hat sie sicher mehr verletzt. Die mißlungene Wahl in die Académie Française war vermutlich der krasseste Fall. Aber auch andere Auszeichnungen, Ehrungen und Mitgliedschaften sind ihr wahrscheinlich trotz aller Verdienste und Fähigkeiten vorenthalten worden, weil Traditionen und Vorurteile es nicht duldeten, die Geschlechterbarriere zu überwinden.

Die Kehrseite von Marie Curies großem Ruhm, der sich in aller Welt verbreitete, waren zweifellos auch Neid und Mißgunst unter denen, die sich nicht damit abfinden konnten, daß eine Frau in der gesellschaftlichen Hierarchie derartige bislang allein Männern vorbehaltene Höhen und eine solche Unabhängigkeit erreichen konnte. Hinzu kam ein ganz spezielles Problem, nämlich das der Ausländerin – der Umstand, daß Marie Curie ihre großen Entdeckungen nicht in ihrer polnischen Heimat, sondern als »Fremde« im Gastland Frankreich gemacht hat. Marie Curie hatte dabei das Pech, zu einer historisch besonders ungünstigen Zeit in Frankreich zu leben. Das politische Klima war damals so, daß jeder Fremde verdächtigt wurde. Es war die Zeit der Dreyfus-Affäre, die das französische Volk heute lieber vergessen würde. Eve Curie beschreibt die Ambivalenz, der ihre Mutter dadurch ausgesetzt war, daß sie eine fremde Staatsangehörigkeit hatte: »So oft eine Gelegenheit gekommen scheint, sie herabzusetzen, ihr einen Titel, eine Entschädigung, eine Auszeichnung zu verweigern, wird ihr in niedriger Weise ihre Herkunft vorgeworfen; denn ist sie, je nach Bedarf, die Russin, die Deutsche, die Jüdin, die Fremde, die als Usurpatorin nach Paris gekommen ist, um sich mißbräuchlich einen hohen Rang zu erstreiten. So oft aber das Genie Marie Curies der Wissenschaft Ehrungen einträgt, so oft ein fremdes Land sie feiert, ihr Huldigungen darbringt, die ohne Beispiel sind, wird sie unverzüglich an derselben Stelle, unter denselben Zeichen ›Gesandtin Frankreichs‹, ›reinste Verkörperung des Genies unseres Volkes‹, ›Ruhm unserer Nation‹ genannt. Mit dem gleichen Unrecht wird dann die polnische Abstammung, auf die sie so stolz ist, mit Schweigen übergangen.«[28]

Wo immer sich Mißgunst und Ausländerhaß in der Öffentlichkeit gegen sie wandten, begegnete ihnen Marie Curie mit Nichtbeachtung. Sie tat damit sicher das Klügste, was sie in solchen Situationen tun konnte.

Der Umarmungsversuch der Feministinnen

Marie Curie ging nach Möglichkeit jeder öffentlichen Diskussion aus dem Weg. Das wurde besonders deutlich an ihrer betonten Distanz gegenüber Frauenfragen.

Nur ein einziges Mal hat sie sich für feministische Ziele einspannen lassen, und das sicher aus gänzlich anderen Motiven: Im Jahre 1911 gestattete sie der englischen Physikerin Hertha Ayrton, die sie während des Besuchs der Royal Institution 1903 kennengelernt hatte, ihren Namen unter eine internationale Petition zu setzen. Darin wurde die britische Regierung aufgefordert, drei führende Frauenrechtlerinnen freizulassen, die sich während einer neunmonatigen Gefängnisstrafe im Hungerstreik befanden. Es war die Zeit nach der Langevin-Affäre, und vermutlich bedeutete es für Marie Curie einen Trost zu erfahren, daß ihr Name zumindest im Ausland noch seinen guten Klang hatte.

Ansonsten hat Marie Curie sich jedem Umarmungsversuch damaliger Feministinnen mit freundlicher Entschiedenheit entzogen und es stets abgelehnt, sich als Galionsfigur der Emanzipationsbewegung und als Vorbild für den Lebensentwurf anderer Frauen aufstellen zu lassen. »Man muß nicht unbedingt ein so widernatürliches Leben führen wie ich«, sagte sie gelegentlich allzu eifrigen Bewunderern. »Ich habe der Wissenschaft sehr viel Zeit gewidmet, weil ich dazu Lust hatte und weil die Forschung mich anzog [...] Was ich den Frauen und jungen Mädchen wünsche, ist ein einfaches Familienleben und eine Tätigkeit, die ihnen Freude macht.«[29]

Marie Curie war und blieb Einzelkämpferin, die dort zu reüssieren suchte, wo sich, unabhängig von der Geschlechtszugehörigkeit, die originellen Probleme, die riskanten Aufgaben und geistigen Herausforderungen stellten. Vermutlich sah sie deutlicher als ihre Zeitgenossinnen, daß sie Gleichheit nur erreichen konnte, wenn sie selbst die Bedingungen schuf, unter denen sie mit den Männern gleichberechtigt in Wettbewerb treten konnte.

Dazu gehörte, daß sie selbst von Vorurteilen frei war und für ihre eigene Person keine Konzessionen erwartete.

Marie Curie war in diesem Sinne durchaus der Typ der modernen Karrierefrau, die Selbstvertrauen genug hat, um ohne frauenspezifischen, emanzipatorischen Anspruch auftreten zu können. Ihr Verhalten hatte dabei keine taktischen Gründe, sondern eher mit ihrer Herkunft und Erziehung, ihren privilegierten Startbedingungen und ihrem Selbstverständnis zu tun. Daß sie zum Feminismus keine Beziehung hatte, lag wohl gleichermaßen an ihrem Vater und ihrem Mann. Durch sie hatte sie erfahren, daß Männer keine Wesen von einem anderen Stern und vor allem keine Feinde sind.

Der Mangel an Sensibilität für geschlechtsspezifische Diskriminierungen hat Marie Curie bei ihrer Karriere sicher sehr geholfen. Sie sparte damit Nerven und Energien und vermied Konfrontationen. Auch später, als sie es zur etablierten Institutschefin gebracht hatte, war das Engagement für mehr weibliche Gleichberechtigung in ihrer Umgebung nicht Marie Curies Sache. Ein solches Engagement hätte für sie interessenorientierte Einmischung bedeutet, und damit durfte sie als Wissenschaftlerin nichts zu schaffen haben, getreu der Devise, die Richtschnur ihres Lebens war: »In der Wissenschaft geht es um Sachen, nicht um Menschen.«

Die Frauensolidarität, die Marie Curie zwangsläufig als Reaktion auf den unglücklichen Ausgang der Affäre mit Paul Langevin entwickelte, hatte eine andere Qualität als die von den Feministinnen verordnete und beschränkte sich auf die wissenschaftliche Kameradschaft mit ihrer Tochter Irène und einigen wenigen Mitarbeiterinnen in ihrem Labor sowie die nützliche Freundschaft mit der amerikanischen Journalistin Marie Meloney.

Ohne Zweifel war Marie Curie als Wissenschaftlerin emanzipiert – weil sie sich selbst die Voraussetzungen ihrer Emanzipation geschaffen hatte. Sie war an die Probleme ihres Berufs herangegangen, als ob es zwischen ihr und den anderen keinen Unterschied gäbe. Die anderen waren nur zufällig Männer.

Nie versuchte Marie Curie, wissenschaftliche Arbeit und

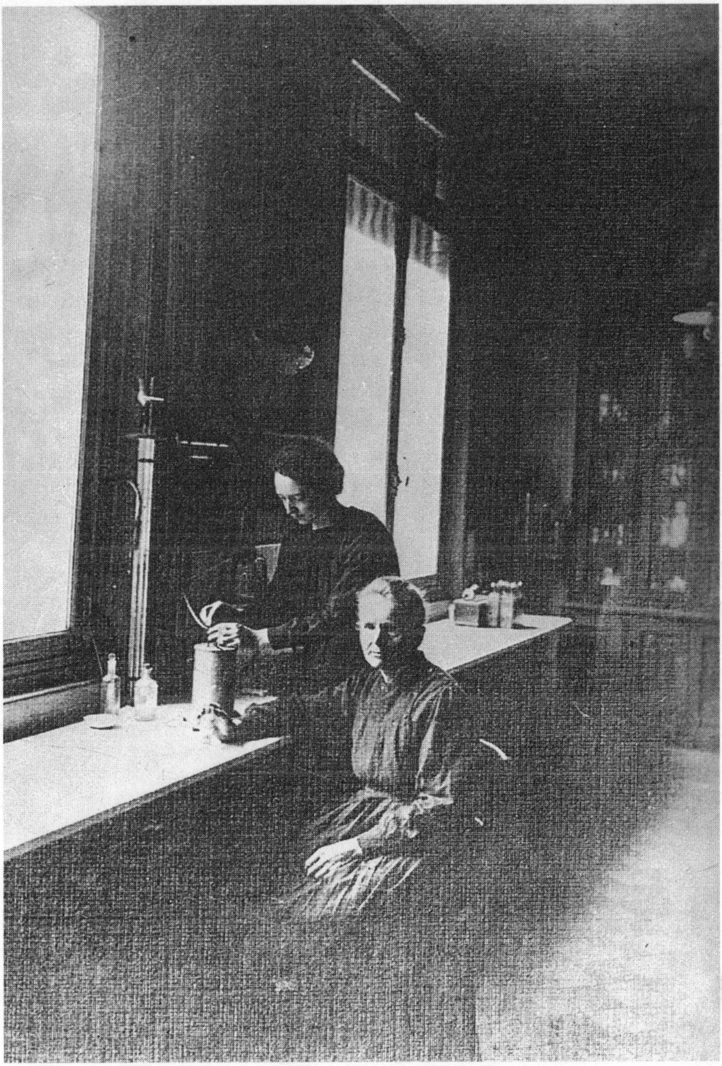

Marie Curie mit ihrer Tochter Irène im Laboratorium

Kreativität mit weiblichem Leben zu verknüpfen. Niemals klagte sie, daß sie sich in ihrem Fach fremd vorkomme, weil sie in ihrem Beruf fast ausschließlich von Männern umgeben sei. Nirgendwo findet sich ein Wort, daß sie in der Wissenschaft Werte verkörpert sähe, die ihrer weiblichen Sozialisation widersprächen. Bei keiner Gelegenheit stellte sie die heute so wichtig scheinende Frage, ob nicht in der naturwissenschaftlichen Forschung die männliche Sichtweise allzu sehr dominiere und durch eine weibliche Perspektive erweitert werden müsse. Vielleicht war eben diese Betonung des Unpersönlichen in der Forschung, das Hintanstellen persönlicher Wünsche, Ziele und Auffassungen das Geheimnis von Marie Curies überragendem wissenschaftlichen Erfolg.

Marie Curie im Laboratorium (um 1905)

ANHANG

Anmerkungen:

1 Eve Curie: Madame Curie, Fischer Taschenbuch Verlag, Frankfurt am Main 1952–1980, S. 31
2 Marie Curie: Pierre Curie, Springer Verlag, Wien 1950 S. 44
3 Marie Curie: Nobel Lecture, 11. Dezember 1911
4 Eve Curie, a. a. O., S. 188
5 Eve Curie, a. a. O., S. 189
6 Eve Curie, a. a. O., S. 187
7 Eve Curie, a. a. O., S. 225
8 Eve Curie, a. a. O., S. 224
9 Eve Curie, a. a. O., S. 221
10 Marie Curie: Nobel Lecture, 11. Dezember 1911
11 Robert Reid: Marie Curie, Eugen Diederichs Verlag, Düsseldorf/Köln 1980, S. 153f.
12 Albert Einstein: Aus meinen späten Jahren, Deutsche Verlags-Anstalt, Stuttgart 1979, S. 219
13 Carl Seelig (Hrsg.): Helle Zeit – Dunkle Zeit. In memoriam Albert Einstein, Friedrich Vieweg und Sohn, Braunschweig/Wiesbaden 1986, S. 42f.
14 Eve Curie, a. a. O., S. 231f.
15 Eve Curie, a. a. O., S. 288
16 Curie-ETH, 17. November 1911, ETH
17 Albert Einstein an Marie Curie, 25. 12. 1923 (private Photokopie)
18 Marie Curie an Eve Curie, Juli 1929, zitiert nach Eve Curie, a. a. O., S. 277
19 Eve Curie, a. a. O., S. 276
20 Eve Curie, a. a. O., S. 277
21 Albert Einstein: Aus meinen späten Jahren, a. a. O., S. 207f.
22 Arthur Kirchhoff (Hrsg.): Die akademische Frau. Gutachten hervorragender Universitätsprofessoren, Frauenlehrer und Schriftsteller über die Befähigung der Frau zum wissenschaftlichen Studium und Berufe, Berlin 1897, S. 256–257
23 Eve Curie, a. a. O., S. 121

24 Artur Rubinstein: Mein glückliches Leben, S. Fischer Verlag, Frankfurt am Main 1980, S. 297f.
25 Eve Curie, a. a. O., S. 309
26 Karin Hausen und Helga Nowotny (Hrsg.): Wie männlich ist die Wissenschaft?, suhrkamp taschenbuch wissenschaft 590, Frankfurt am Main 1986, S. 23f.
27 Eve Curie, a. a. O., S. 168
28 Eve Curie, a. a. O., S. 231
29 Eve Curie, a. a. O., S. 289

Zeittafel

1867	Geburt von Maria Sklodowska in Warschau
1883	Abitur in Warschau
1885–90	Anstellungen als Gouvernante in Warschau und Szczuk
1891–93	Physik-Studium an der Sorbonne in Paris bis zum Lizentiat
1893–94	Mathematik-Studium an der Sorbonne in Paris bis zum Lizentiat
1895	Heirat mit Pierre Curie
1897	Geburt der Tochter Irène Curie
	Beginn der Dissertation
1898	Entdeckung von Polonium und Radium
1902	Bestimmung des Atomgewichts von Radium
1903	Promotion
	Physik-Nobelpreis für Marie Curie, Pierre Curie und Henri Becquerel
1904	Geburt der Tochter Eve Curie
1906	Tödlicher Unfall von Pierre Curie
	Berufung von Marie Curie als Lehrbeauftragte und außerordentliche Professorin auf Pierre Curies Lehrstuhl an der Sorbonne
	Antrittsvorlesung
1908	Ernennung zur ordentlichen Professorin für Physik an der Sorbonne
1910	Definition der Einheit »Curie« als internationaler Radiumstandard
1911	Langevin-Affäre
	Teilnahme am 1. Solvay-Kongreß
	Nobelpreis für Chemie
1913–14	Bau des Radium-Instituts in Paris
1914–18	Organisation und Betreuung von Röntgeneinrichtungen an der Front und im Hinterland

1921 1. Reise in die USA

1922 Mitglied der Internationalen Kommission für geistige Zusammenarbeit des Völkerbundes in Genf

1929 2. Reise in die USA

1932 Übergabe der Instituts-Leitung an Irène Joliot-Curie

1934 Tod in einem Sanatorium in Sancellemoz in der Schweiz

Beisetzung im Grab der Familie Curie in Sceaux/Frankreich

Literaturhinweise

Curie, Eve: Madame Curie, Fischer Taschenbuch-Verlag, Frankfurt am Main 1952

Curie, Marie: Oeuvres, Polnische Akademie der Wissenschaften, Warschau 1954

Curie, Marie: Pierre Curie, Springer Verlag, Wien 1950

Ksoll, Peter / Fritz Vögtle: Marie Curie, rororo-Bildmonographien, Reinbek bei Hamburg 1988

Reid, Robert: Marie Curie, Eugen Diederichs Verlag, Köln 1980

Wolczek, Olgierd: Marie Sklodowska-Curie, B. G. Teubner Verlagsgesellschaft, Leipzig 1977

Nachweis der Abbildungen

Archives du Laboratoire Curie, Paris: S. 13, 20, 28, 38, 51, 57, 66, 70, 81, 83, 84, 87, 89, 92, 107, 109
Solvay-Institut, Brüssel: S. 97
Süddeutsche Zeitung, München: S. 24, 29, 44, 71, 73

Personenregister

(Kursive Seitenzahlen verweisen auf längere Passagen.)

Agnesi, Maria Gaeteana 93
Appell, Paul 23
Ayrton, Hertha 105

Bardeen, John 7
Bassi, Laura 93
Becquerel, Henri 7, *32*, 35, 37
Bergson, Henri 85
Berson, Solomon 99
Binnig, Gerd 26
Borel, Emile 69
Borel, Marguerite 69

Calvin 86
du Châtelet, Gabrielle-Emilie 93
Comte, Auguste 15
Cori, Carl Ferdinand 99
Cori, Gerty Theresa 99
Curie, Eugène 64
Curie, Eve 55, 57, 59, 60, 62, 64, 77, 80, 86, 88, 101, 104
Curie, Jacques 26, 41
Curie, Pierre 7, 8, 25, *26*, *34*, *41*, *47*, 54, 56, 58, *60*, *62*, 67, 69, 72, 74, 78, 98, 99, 100

Darboux, Gaston 45
Darwin, Charles 15
Dluski, Kazimierz 22, 96

Einstein, Albert 8, *72*, 76, 78, *85*, 89, *90*, 97
Fischer, Emil 94

Hahn, Otto 94
Harding, Warren 80, 83
Hypatia 93

Joliot, Frédéric 7, 78, 85, 99
Joliot, Hélène 7
Joliot, Pierre 7
Joliot-Curie, Irène 7, 8, 31, 51, *54*, 57, 59, 64, 68, 78, 80, 82, 85, 99, 106, 107

Kammerlingh Onnes, Heike 74, 97
Kowalski 26

Langevin, Paul 8, 40, *69*, 73, 79, 97, 103, 105, 106
Lippmann, Gabriel 23, 45

Marx, Karl 15
Mascart, Eleuthère 45
Meitner, Lise 94, 95
Meloney, Marie Mattingley *79*, 106
Merton, Robert K. 100
Millikan, Robert A. 97
Montel, Elaine 78
Murray, Gilbert 97

Newton, Isaak 93

Planck, Max 94
Poincaré, Henri 45, 97

Rathenau, Walther 85
Régaud, Claude 49
Rohrer, Heinrich 26
Rubinstein, Artur 101
Rutherford, Ernest 72, 97, 100

Schmidt, Gerhard Carl 34
Sklodowska, Bronia 12, 13, 17, 19, 20, 98
Sklodowska, Bronislawa 10, 11
Sklodowska, Mary (Maria Salome) 7, 10, 15, 80
Sklodowski, Wladislaw 10, 20, 96
Sommerville, Mary 93
Strindberg, August 103

Walkhoff, Otto 48

Yalow, Rosalyn 99

Zangger, Heinrich 76
Zorawski, Kazimierz 18, 27

Richard P. Feynman

»Sie belieben wohl zu scherzen, Mr. Feynman!«

Abenteuer eines neugierigen Physikers
Gesammelt von Ralph Leighton. Herausgegen von Edward Hutchings.
Vorwort zur deutschen Ausgabe von Harald Fritzsch.
Aus dem Amerikanischen von Hans-Joachim Metzger.
463 Seiten. Leinen

»Interessieren Sie sich für Physik? Nein? Dann sollten Sie unbedingt das Feynman-Buch lesen. Interessieren Sie sich für Physik? Ja? Dann sollten Sie unbedingt das Feynman-Buch lesen.
Ein Feuerwerk von Pointen und Überraschungsgags, von spitzen Formulierungen und vielen Streichen.
So lernt man in seinem Buch einen intelligenten, furchtbar neugierigen, humorvollen und grundehrlichen Menschen kennen.
Nur: Stellen Sie keine Erwartungen an das Buch – es wird doch ganz anders kommen. Lesen Sie es einfach – aber lassen Sie es nicht rumliegen. Wer erst mal die Nase reinsteckt, steckt das ganze Buch ein.«

Frank Elstner, Die Welt

Vom selben Autor ist lieferbar:

QED – Die seltsame Theorie des Lichts und der Materie

Aus dem Amerikanischen von Siglinde Summerer und Gerda Kurz.
200 Seiten mit 93 Abbildungen. Geb.

Piper 75/1b

PIPER

Albrecht Fölsing

Galileo Galilei – Prozeß ohne Ende

Eine Biographie
500 Seiten mit 49 Abbildungen. Serie Piper 537

In das Zentrum seiner Biographie Galileis stellt Albrecht Fölsing dessen einzigartige Bedeutung für die Entwicklung der modernen Naturwissenschaft: die Synthese aus Handwerkskunst und mathematischer Spekulation bei der Erfindung der naturwissenschaftlich-experimentellen Methode; die Verbesserung des Fernrohrs und seine Nutzung für die Revision des alten Weltbildes; sein Ringen um die Begründung einer Wissenschaft der Mechanik.
Diese Aspekte sind eingebettet in die Schilderung von Galileis Leben und Persönlichkeit. In seiner Biographie spiegeln sich berühmte Universitäten und Akademien Italiens, die diffizilen politischen Verhältnisse der Zeit, die Liberalität Venedigs, der verblassende Glanz der Medici in Florenz und die gegenreformatorische Aktivität der Katholischen Kirche. Zu Wort kommt aber vor allem auch Galilei selbst, ein Intellektueller unter den Naturforschern und einer der größten Schriftsteller Italiens.

»Albrecht Fölsing hat eine bestechende Biographie des bahnbrechenden Astronomen, des Physikers, des Philosophen, Intellektuellen und Schriftstellers aus Florenz geschrieben. Fölsings theoretische Analysen, darunter ein kleines Kapitel mit der Überschrift ›Ein erkenntnistheoretisches Intermezzo‹, gehören zum besten, was über diese Probleme geschrieben wurde.« DER SPIEGEL

PIPER

Harald Fritzsch

Eine Formel verändert die Welt

Newton, Einstein und die Relativitätstheorie
346 Seiten mit 82 Abbildungen. Geb.

Harald Fritzsch, der mit »Quarks – Urstoff unserer Welt« und »Vom Urknall zum Zerfall« bereits ein großes Publikum erreichen konnte, bringt dem Leser in seinem Buch Einsteins Relativitätstheorie auf besonders eingängige Weise nahe: Newton, Einstein und der erfundene zeitgenössische Physiker Haller erklären sich gegenseitig und damit auch dem Leser die Relativitätstheorie und ihre Folgen.

QUARKS

Vorwort von Herwig Schopper.
320 Seiten mit 91 Abbildungen. Serie Piper 332

»Dem mit physikalischen Grundprinzipien vertrauten Leser wird dieses Buch eine Fülle neuer Einsichten vermitteln.« Süddeutsche Zeitung

Vom Urknall zum Zerfall

Die Welt zwischen Anfang und Ende
351 Seiten mit 55 Abbildungen. Serie Piper 518

»Aber das Besondere ist wohl, daß sich die Darstellung so spannend und überzeugend liest und daß man das Gefühl hat, hervorragend informiert zu werden.« Heinz Maier-Leibnitz

»Gemessen an der Komplexität der Phänomene versteht es der Autor aber gekonnt, auch komplizierteste Zusammenhänge klar und verständlich auf ihren wesentlichen Kern zu reduzieren.« Bernd Kröger, DIE ZEIT

Piper 75/1 a

PIPER

Emilio Segrè

Die klassischen Physiker und ihre Entdeckungen

Von den fallenden Körpern zu den elektromagnetischen Wellen
Aus dem Amerik. von Hainer Kober. 464 Seiten mit 128 Abbildungen. Serie Piper 1174

In seinem neuen Buch beschreibt der Autor gleichsam die historischen Voraussetzungen für die moderne Physik: die klassische Physik von Galileo Galilei bis Ludwig Boltzmann. Wieder stehen die großen Physiker im Zentrum der Darstellung, wieder gibt Segrè seine Sicht der Physikgeschichte. Neben Galilei und Boltzmann als den Eckpfeilern spielen folgende Physiker eine wichtige Rolle: Huygens, Newton, Lagrange, Hamilton, Fourier, Young, Fresnel, Fraunhofer, Bunsen, Kirchhoff, Galvani, Volta, Ørstedt, Ampère, Faraday, Lorentz, Carnot, Thomson, Joule, Helmholtz, Clausius, Maxwell, van der Waal und Gibbs.
Segrè hat sich für dieses Buch intensiv mit den Schriften seiner »Helden« befaßt, er läßt sie selbst ausführlich zu Wort kommen. Segrè: »Ich las viele der für die Physik grundlegenden Originaltexte und erkannte, welche Schwierigkeiten ihre Autoren zu überwinden hatten. Ihre Werke zeigen uns, wie sie ihre Probleme angingen, was wichtig schien und ist, was vernachlässigt werden kann und wie schließlich die Antworten lauten, während sie noch nichts von alledem wußten, sondern alles erst herausfinden mußten. Dieses Buch soll Zeugnis ablegen für die Verehrung, die ich für meine wissenschaftlichen Ahnen empfinde. Es entspringt dem Wunsch, die eigenen Wurzeln kennenzulernen.«

Die großen Physiker und ihre Entdeckungen

Von den Röntgenstrahlen zu den Quarks
Aus dem Amerik. von Siglinde Summerer und Gerda Kurz. Überarb. Neuausgabe. 364 Seiten mit 128 Abbildungen. Serie Piper 1175

»Der durch persönliches Erleben und Mitwirken gefärbte lebendige Bericht über die großen Physiker und ihre Entdeckungen ist ein fast wunderbar zu nennendes Buch, das gleichsam ›nebenher‹ auch die ganze Vielfalt jener wesentlichen Erkenntnisse und Einsichten vermitteln kann, die man heute braucht, um die Physik und ihre Bedeutung für das moderne Weltbild richtig zu verstehen.« Stuttgarter Zeitung

PIPER

Werner Heisenberg

Gesammelte Werke

Abteilung C:
Allgemeinverständliche Schriften

Herausgegeben von Walter Blum, Hans-Peter Dürr und Helmut Rechenberg

Band I
Physik und Erkenntnis 1927–1955

Ordnung der Wirklichkeit, Interpretation der Quantenmechanik, Atomphysik, Kausalität, Unbestimmtheitsrelationen u. a. 453 Seiten. Leinen

Band II
Physik und Erkenntnis 1956–1968

Gifford-Lectures, Sprache und Wirklichkeit, Abstraktion und Vereinheitlichung, Goethes Naturbild u. a. 440 Seiten. Leinen

Band III
Physik und Erkenntnis 1969–1976

Der Teil und das Ganze, Die Bedeutung des Schönen, Naturwissenschaftliche und religiöse Wahrheit, Elementarteilchen u. a. 242 Seiten. Leinen

Band IV
Biographisches und Kernphysik

Autobiographisches, Laudationes, Nobelvortrag, Münchner Festrede, Kernphysik, Buchbesprechungen u. a. 505 Seiten. Leinen

Band V
Wissenschaft und Politik

Politik im Dritten Reich, Organisation der Forschung, Schule und Studium, A. v. Humboldt-Stiftung, Verantwortung der Physik, Technik und Gesellschaft, Politische Stellungnahmen u. a. 652 Seiten. Leinen

Die »Allgemeinverständlichen Schriften« in fünf Bänden – etwa die Hälfte der Texte wird erstmals in Buchform veröffentlicht – wenden sich vor allem an naturwissenschaftlich und philosophisch interessierte Laien. Sie erhalten aufregende Einblicke in das Denken des Nobelpreisträgers.
Das Werk Heisenbergs, das sich an das allgemeine Publikum wendet, umfaßt neben Reden und Aufsätzen zum Inhalt und zur Deutung der Physik seine Gesamtschau des Naturbildes, wie es sich von der Antike bis zur Gegenwart entwickelt hat. Darüber hinaus ist von der Organisation der Forschung und vor allem auch von der Verantwortung des Wissenschaftlers in einer wissenschaftlich-technischen Welt die Rede. Heisenbergs Schriften sind – wie schon seine erfolgreichen Bücher zeigten – geeignet, ein großes Publikum zu erreichen. Ihm gelang – wie nur wenigen bedeutenden Naturwissenschaftlern – die Vermittlung zwischen der modernen Naturwissenschaft und einer interessierten Öffentlichkeit.

Piper 77/2

PIPER

Bernd-Olaf Küppers (Hrsg.)

Ordnung aus dem Chaos

Prinzipien der Selbstorganisation und Evolution des Lebens
Mit Beiträgen von A. Dress, H. Haken, B. Hess, B.-O. Küppers, Ch. v. d. Malsburg, M. Markus, H. Meinhardt, D. Pörschke, P. H. Richter, H.-J. Scholz, K. Schulten und P. Schuster.
284 Seiten. Serie Piper 743

Die Ergebnisse der molekularen Biologie vermitteln uns inzwischen einen tiefen Einblick in den materiellen Aufbau lebender Systeme, deren Entstehung und Evolution. Das Lebendige muß heute nicht mehr als das Resultat geheimnisvoller immaterieller Kräfte angesehen werden, sondern vielmehr als Ergebnis eines gigantischen Selbstorganisationsprozesses der Materie, in dessen Verlauf sich auch das Leben allmählich aus einem molekularen Chaos heraus entwickelt hat.

Leben = Physik + Chemie?

Das Lebendige aus der Sicht bedeutender Physiker. Ein Lesebuch, herausgegeben und eingeleitet von Bernd-Olaf Küppers.
256 Seiten. Serie Piper 599

Die Frage, ob und in wieweit sich die Lebenserscheinungen physikalisch erklären lassen, gehört zu den grundlegenden Fragen der modernen Naturwissenschaften. Sie besitzt einen praktischen Aspekt insofern, als sich die Molekularbiologen anschicken, das Erbmaterial mit Hilfe physikalisch-chemischer Techniken zu manipulieren und die Evolution im Reagenzglas nachzuvollziehen. Zum anderen trägt sie bei zur Klärung eines uralten Problems, des Zusammenhangs von Geist und Materie.

Piper 53/3b

PIPER